燃气经营企业从业人员专业培训教材

液化天然气储运工

燃气经营企业从业人员专业培训教材编审委员会　组织编写

何卜思　刘爱红　主编

中国建筑工业出版社

图书在版编目（CIP）数据

液化天然气储运工/燃气经营企业从业人员专业培训教材编审委员会组织编写．—北京：中国建筑工业出版社，2017.7（2023.8重印）
燃气经营企业从业人员专业培训教材
ISBN 978-7-112-21000-8

Ⅰ.①液… Ⅱ.①燃… Ⅲ.①液化天然气—贮运—技术培训—教材 Ⅳ.①TE82②TE83

中国版本图书馆 CIP 数据核字(2017)第 158031 号

本书是根据《燃气经营企业从业人员专业培训考核大纲》（建办城函［2015］225号）编写的，是《燃气经营企业从业人员培训专业培训教材》之一，属于专业教材。本书共7章，包括：液化天然气基础知识，液化天然气储配站的典型工艺及设备，液化天然气储配站日常储运的操作，液化天然气储配站设备设施的日常维护和保养，液化天然气储配站管理，液化天然气储配站安全管理，液化天然气的运输与安全。

本书可供燃气经营企业液化天然气储运工及相关专业从业人员学习和培训使用。

责任编辑：李 阳 李 慧 李 明 朱首明
责任校对：焦 乐 姜小莲

燃气经营企业从业人员专业培训教材
液化天然气储运工
燃气经营企业从业人员专业培训教材编审委员会 组织编写
何卜思 刘爱红 主编
*
中国建筑工业出版社出版、发行(北京海淀三里河路9号)
各地新华书店、建筑书店经销
北京建筑工业印刷厂制版
建工社（河北）印刷有限公司印刷
*
开本：787×1092毫米 1/16 印张：11 字数：268千字
2017年7月第一版 2023年8月第二次印刷
定价：32.00元
ISBN 978-7-112-21000-8
(30638)

燃气经营企业从业人员专业培训教材
编 审 委 员 会

出版说明

为了加强燃气企业管理，保障燃气供应，促进燃气行业健康发展，维护燃气经营者和燃气用户的合法权益，保障公民生命、财产安全和公共安全，国务院第 129 次常务会议于 2010 年 10 月 19 日通过了《城镇燃气管理条例》（国务院令第 583 号公布），并自 2011 年 3 月 1 日起实施。

住房和城乡建设部依据《城镇燃气管理条例》，制定了《燃气经营企业从业人员专业培训考核管理办法》（建城［2014］167 号），并结合国家相关法律法规、标准规范等有关规定编制了《燃气经营企业从业人员专业培训考核大纲》（建办城函［2015］225 号）。

为落实考核管理办法，规范燃气经营企业从业人员岗位培训工作，我们依据考核大纲，组织行业专家编写了《燃气经营企业从业人员专业培训教材》。

本套教材培训对象包括燃气经营企业的企业主要负责人、安全生产管理人员以及运行、维护和抢修人员，教材内容涵盖考核大纲要求的考核要点，主要内容包括法律法规及标准规范、燃气经营企业管理、通用知识和燃气专业知识等四个主要部分。本套教材共 9 册，分别是：《城镇燃气法律法规与经营企业管理》、《城镇燃气通用与专业知识》、《燃气输配场站运行工》、《液化石油气库站运行工》、《压缩天然气场站运行工》、《液化天然气储运工》、《汽车加气站操作工》、《燃气管网运行工》、《燃气用户安装检修工》。本套教材严格按照考核大纲编写，符合促进燃气经营企业从业人员学习和能力的提高要求。

限于编者水平，我们的编写工作中难免存在不足，恳请使用本套教材的培训机构、教师和广大学员多提宝贵意见，以便进一步的修正，使其不断完善。

燃气经营企业从业人员专业培训教材编审委员会

前　言

液化天然气（LNG）是世界公认的清洁能源，其应用有利于生态环境保护，尤其是在工业中心和人口稠密地区，使用液化天然气更具优越性。目前世界上环保先进的国家都在推广使用液化天然气，而国内对天然气的需求也空前增长。但是，液化天然气也给人民生产和生活带来了便捷的同时，由于其具有的易燃易爆特性，对人民的生命财产安全具有一定的潜在威胁。液化天然气的储存、输配，是一项技术性和专业性均很强的工作，其储存、输配过程中稍有不慎便会发生泄漏，天然气与空气混合极易发生爆炸事故，对生命、财产和环境造成重大损失。同时，LNG 储运站规模不一，工艺操作、化验、机、电、仪、消防等专业工种不一定能配置齐全，这就要求 LNG 储运工不但要熟悉 LNG 的基本知识，还要掌握储运的相关技能和管理知识，必须是“一专多能”的燃气从业人员。

本书共分七章，采用了“重点与全面相结合”的原则，并兼顾了储运从业人员的工作性质和资格考试要求。第 1 章讲解工艺介质的基础知识；第 2 章讲解液化天然气储配站的典型工艺及设备；第 3 章讲解液化天然气储配站的操作；第 4 章讲解液化天然气储配站设备设施的日常维护和保养；第 5、6、7 章讲解储配站及其相关管理标准化。将实践经验理论化，对文字图表进行归并分类，做到简明扼要和直观，可操作性强。

本教材由宁夏清洁能源发展有限公司执行董事何卜思、宁夏石化公司刘爱红担任主编，何卜思编写第 1、2 章，宁夏石化公司刘爱红编写第 6、7 章，宁夏石化公司张俊、杨勤刚、朱生义编写第 3 章，中国石油西气东输公司银川市站站长陈瑞、中国石油天然气销售西部分公司许进编写第 4 章，银川市燃气管理办公室侯松茂、宝塔石化珠海储运公司崔湘德编写第 5 章。

由于编者水平有限，书中难免存在缺点和错误，请广大读者及同行批评指正。

目　录

1 液化天然气基础知识

1.1 液化天然气发展史及前景

1.1.1 国际液化天然气发展史及前景

20世纪初，气体液化在技术上已可行。1917年，美国正式用于氦萃取，并在西弗吉尼亚建成气体液化工作站。20世纪40年代，英国使用液化沼气作为汽车燃料获得成功。20世纪50年代，“甲烷先锋号”将LNG从美国路易斯安那州穿过大西洋运送到英国泰晤士的坎维岛，标志着LNG远洋运输贸易的开始。

天然气液化工作是在20世纪60年代随着LNG贸易的发展开始较快发展的。1964年第一笔LNG商业贸易在阿尔及利亚和英国之间进行，同年世界上第一座LNG工厂在阿尔及利亚阿尔泽建成。由于天然气液化、储存、船运技术的进步促进了全球LNG贸易的发展，到20世纪70年代末，全世界LNG交易量上升了1/3，销售额增长了60%。进入20世纪80年代，天然气作为高效清洁能源的特点日益显现，全球的天然气需求量日益增加。2002年全球LNG贸易量已达11294×10^4t，比10年前增加了86%，约占全球当年天然气产量的6%和贸易量的22%。2010年，全球LNG供应能力超过了（2.9～2.95）$\times10^8$t/a，需求量约为（1.78～3.24）$\times10^8$t/a。

天然气液化工艺最早成熟的技术是阶式（Cascade）液化流程，也称作级联式液化流程，20世纪60年代最早建设的天然气液化装置多采用这种工艺。20世纪70年代发展了混合冷剂液化流程，大大简化了液化工艺。20世纪80年代以后，在此基础上发展为丙烷预冷混合冷剂液化流程，进一步提高了效率。近期建设的基本负荷型天然气液化装置几乎都用这种工艺。

液化天然气的储存是液化天然气产业链中的重要一环，对于平衡生产和消费的矛盾有着重要作用。因此，在液化天然气的发展中，储存占有重要地位。由于低温材料的限制，液化天然气产业发展初期，一般采用常温压力储存，储存压力等于储存温度下的饱和蒸气压，储罐的设计压力为最高储存温度下的饱和蒸气压。压力越高，钢材消耗越多。受钢板厚度的限制，容积不宜太大（一般小于5000m^3）。这种形式的储罐，一般适用于储量较小的储配站。在低温条件下，液体的饱和蒸气压较低，储罐的设计压力也可比常温的低，钢板厚度和钢材消耗量也可减少。低温压力储存单罐容积增大，适合中型LNG储存站。20世纪60年代以来，随着LNG工业的发展，经济安全的常压低温储存技术在一些发达国家被开发和应用。常压低温储存是在液化天然气的饱和蒸气压接近常压时的温度进行储存。常压储罐的壁厚大大降低，储罐容积向大型化发展。目前，最大罐容已达$20\times10^4m^3$。罐的结构形式也有单容罐、双容罐、全容罐和膜式罐等多种形式，适应了建设大型LNG储存基地的需要。

液化天然气船运是实现天然气跨国贸易的重要手段。1959 年 2 月，由杂货船改装的“甲烷先锋号”装载着 2000t 液化天然气从美国路易斯安那州穿过大西洋在英国坎维岛登陆，将天然气送到了北泰晤士天然气站，实现了世界上第一次液化天然气的海上运输。LNG 运输船的结构，早期多为储罐置于舱面。20 世纪 70 年代，LNG 运输船进入大规模发展阶段。法国天然气运输技术（GTT）公司成功开发了隔舱式，为薄膜型围护结构。挪威 Moss-Rosenberg 公司设计了球形储罐 LNG 运输船。20 世纪 80 年代，日本 IHI 公司在先前菱形舱 Conch 型 LNC 运输船的基础上开发了 SPB 型。这三种船型是当前 LNG 运输船的主流船型。目前，大型化是 LNG 运输船的发展方向，$20\times10^4 m^3$ 以上的 LNG 运输船已经建造。

1.1.2　国内液化天然气发展史及前景

随着我国国民经济的高速发展，对能源的需求快速增长，特别是为实现可持续发展、改善生态环境，对清洁、高效的天然气的需求量日益增加。我国在大力勘探开发国内天然气资源的同时，着手引进国外天然气资源。液化天然气使天然气以液态形式储存和运输，在降低成本、方便使用方面的诸多特点，为天然气的广泛利用提供了条件。近 10 年来，我国液化天然气工业从起步到发展，在 LNG 产业链的液化、储存、运输等各个环节上都有了进步，已形成 LNG 产业链，如图 1-1、图 1-2 所示。

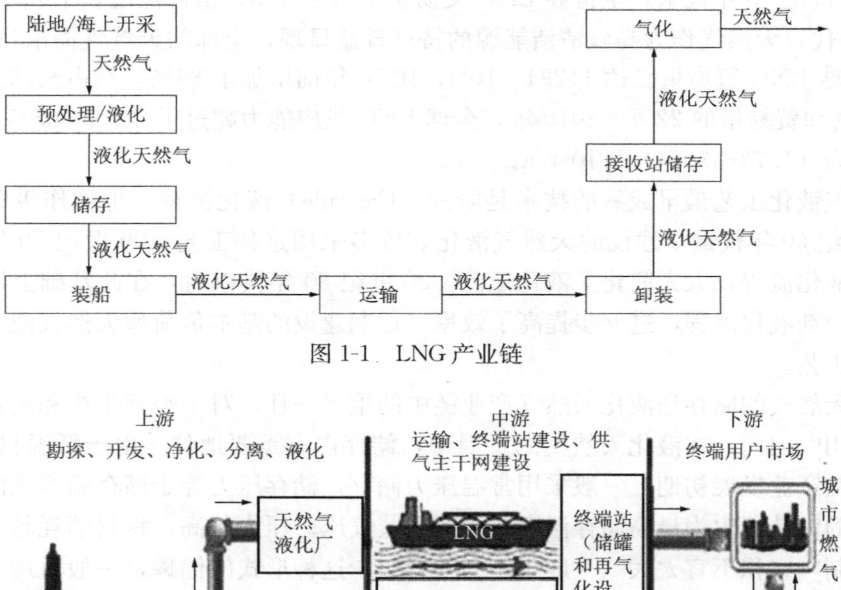

图 1-1　LNG 产业链

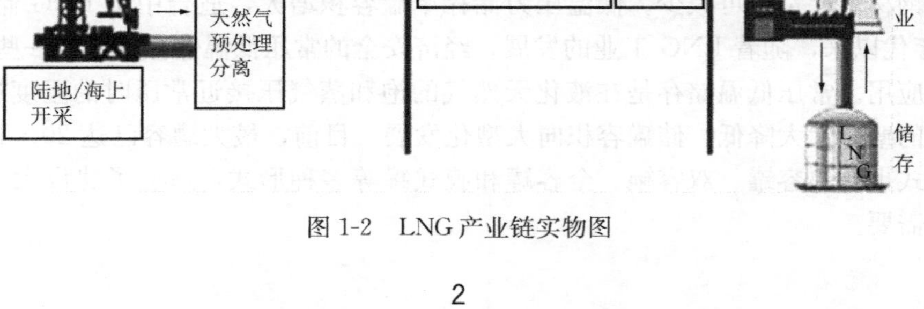

图 1-2　LNG 产业链实物图

20世纪80年代末，我国开始进行LNG工业实践。20世纪90年代初，中国科学院低温中心与四川燃气、吉林油田等单位联合研制了两台天然气液化设备。一台生产能力$0.3m^3$LNG/h，采用天然气自身压力膨胀制冷循环。另一台生产能力$0.5m^3$LNG/h，采用氮气膨胀闭式制冷循环。

20世纪90年代中期，陕北气田利用偏远单井生产的少量天然气（$2\times10^4m^3/d$）为原料，采用膨胀制冷循环，将天然气液化后，用槽车运送到使用地点，以充分利用偏远地区的天然气资源，于1999年1月在长庆油田靖边基地建成投产。这些小型装置的研制为我国探索天然气液化技术提供了宝贵的经验。

2000年2月，我国第一座天然气液化工厂在上海建成投产。该工厂是为东海平湖油气田供应上海城市用天然气提供事故调峰用气的，日处理天然气$10\times10^4m^3$，采用法国燃气公司设计的整体结合式级联型液化流程（Integral Incorporated Cascade，简称CII液化流程），气化能力为$120\times10^4m^3/d$，储存能力为$2\times10^4m^3$/LNG储罐，可满足上游海上油气田停产10d的下游供气量。

2001年11月，中原油田采用丙烷和乙烯为制冷剂的复叠式制冷循环天然气液化装置投产，日处理天然气$15\times10^4m^3$，生产的LNG用槽车运送到用户。这是我国第一座商业运营的天然气液化装置。

2005年，新疆广汇天然气液化装置投产。该装置采用混合冷剂制冷循环，日处理来自吐哈油田的天然气$150\times10^4m^3$，LNG储罐容量为$3\times10^4m^3$，所生产的LNG用槽车运送到各地用户。

2006年3月，新奥集团在北海涠洲岛建设的LNG工程建成投产，一期日处理天然气$15\times10^4m^3$，二期扩大为$48\times10^4m^3$。同年，四川犍为液化天然气装置、江苏天力液化天然气装置和海南海燃液化天然气装置分别投产。随后，陕、甘、宁、内蒙古的液化天然气装置建成投产。

为了利用国外天然气资源，自20世纪90年代开始，我国着手从海上引进LNG。规划在广东、福建、浙江、上海、江苏、山东、河北、辽宁等沿海地区建设LNG接收站。这些项目最终将构成一个沿海LNG接收与输送网络。规划中的LNG接收站全部建成后总储存中转能力每年可达1800×10^4t以上。2006年6月，广东深圳大鹏湾建成我国第一座LNG接收站。其一期工程年接收LNG370×10^4t，建设3个$16\times10^4m^3$的LNG储罐，气化能力$1200m^3/h$，年输气量$40\times10^8m^3$。福建湄州湾建设的LNG接收站，一期工程年接收LNG250×10^4t，于2007年建成投产。上海建于洋山港的LNG接收站，一期工程于2009年建成投产，年接收LNG300×10^4t。

我国的天然气使用起步较晚，天然气消费的大幅度增长在2000年后才开始出现。2005年中国天然气消费年增长率为20%。预计2020年，我国天然气消费量在一次能源消耗中的比重将从现在的不到5%上升到12%，年需求量预计为$2000\times10^8m^3$。随着国家对能源需求的不断增长，大力发展LNG产业，对实现能源供应多元化、提高我国环境质量有重要作用。进口LNG是利用国外天然气资源的重要渠道，2010年我国进口LNG已超过1200×10^4t，2020年将会成倍增长。

船运是LNG运输的主要形式。LNG运输船是技术含量最高的船舶之一，我国是世界第三大造船国。上海沪东中华造船集团在完成了LNG船模拟舱制作的基础上，承建了我

国第一艘 $14.5\times10^4m^3$ 的 LNG 船。"十一五"期间，完成 5 艘 $14.5\times10^4m^3$ 的 LNG 船的建造。今后几年，为适应 LNG 运输的需要，还将建造多艘 LNG 船。

据相关统计，2013 年我国天然气产量 1210 亿 m^3，同比增长 9.8%，其中常规天然气 1178 亿 m^3，非常规气中页岩气 2 亿 m^3，煤层气 30 亿 m^3；天然气进口量 534 亿 m^3，增长 25.6%，其中管道气增长 24.3%，液化天然气增长 27.0%；天然气表观消费量 1692 亿 m^3，增长 12.9%。

增加天然气供应。到 2020 年天然气供应能力达到 4000 亿 m^3，力争达到 4200 亿 m^3。2014 年天然气表观消费量 1930 亿 m^3，增长 11.35%。截至 2013 年年底，我国中小型天然气液化工厂已投运项目 66 个，年总产能达到 123.3 亿 m^3。国内天然气表观消费量如表 1-1 所示。

国内天然气表观消费量 **表 1-1**

年份	国内天然气表观消费量（亿 m^3）	同比年增长率（%）
2010	1070.3	15.90
2011	1307.1	22.12
2012	1498.7	14.66
2013	1692	12.90
2020	4000	11.35

2017 年能源工作的指导思想是：围绕确保国家能源战略安全、转变能源消费方式、优化能源布局结构、创新能源体制机制四项基本任务，着力转方式、调结构、促改革、强监管、保供给、惠民生，以改革红利激发市场动力活力，打造中国能源"升级版"，为经济社会发展提供坚实的能源保障。同时我国许多大城市由于受环境污染的影响，全面推进清洁能源计划部署，"煤改气、油改气"在工业、农业及居民生活中将落实；在没有通管道的城镇，LNG 卫星站将是能源改革的首选。

1.2 液化天然气生产

任何一种气体，当温度低于某一温度时，可以等温压缩成液体，但当高于该温度时，无论压力增加到多大，都不能使气体液化。可以使气体压缩成液体的极限温度，称为该气体的临界温度。气体的临界温度越高，越容易液化。

天然气的主要成分是甲烷，而甲烷的临界温度很低（190.58K），在常温下无法通过加压将其液化，必须降低温度至－162℃使其液化。天然气液化，一般包括天然气净化和天然气液化两个过程。由于常压下甲烷液化需要降低温度至－162℃，为此必须脱除天然气中的硫化氢、二氧化碳、重烃、水和汞等腐蚀介质和在低温过程中会使设备和管道冻堵的杂质，然后进入循环制冷系统，逐级冷凝分离丁烷、丙烷和乙烷，得到液化天然气产品。

1.2.1 天然气净化

一般 LNG 工厂的原料气在液化之前，必须将原料气中的硫化氢、二氧化碳、水分、汞及重烃等脱除，以免二氧化碳、水分、重烃在低温下冻结而堵塞设备和管线，以及避免硫化氢、有机硫、汞产生腐蚀。

1. 脱酸性气体

天然气中最常见的酸性气体是 H_2S、CO_2、COS。

H_2S 是毒性最大的一种酸性组分，有类似臭鸡蛋的气味，具有致命的剧毒。它在很低含量下就会对人体的眼、鼻和喉部有刺激。在含 H_2S 为 0.6%（体积分数）的空气中停留 2min，人可能会死亡。另外，H_2S 对金属具有腐蚀性。

CO_2 在−40℃时易成为固体析出，堵塞管道。它不能燃烧，运输和液化它是不经济的。

COS 相对来说是无腐蚀性的，但它的危害不可轻视，它可被少量的水水化，形成 H_2S、CO_2。

酸性气体不但对人体有害，对设备管道有腐蚀作用，而且因其沸点较高，在降温过程中易呈固体析出，故必须脱除。脱除酸性气体常称为脱硫、脱碳，习惯上称为脱硫。在净化天然气时，可考虑同时脱除 H_2S 和 CO_2，最常用的方法是醇胺法，如图 1-3 所示。

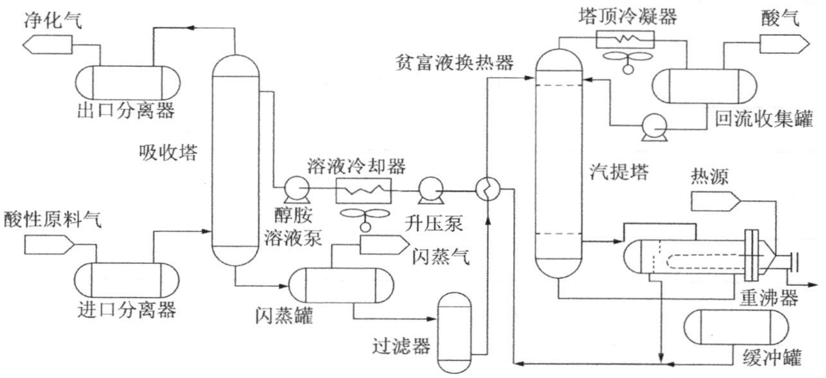

图 1-3 醇胺法

工艺过程：

为满足低温工作状态下的要求，经脱碳、脱硫系统净化后的天然气中 CO_2 含量应低于 $50\times10^{-6}m^3/m^3$，H_2S 含量应低于 $4\times10^{-6}m^3/m^3$。

来自天然气压缩机的天然气（$T=40$℃，$P=4.98$MPa）经气液分离器和天然气过滤器分离过滤后进入吸收塔底部，与塔顶来的 MDEA 溶液逆流接触，CO_2 气体被 MDEA 溶液吸收，净化气体在吸收塔上部经洗涤冷却并经塔顶高效除沫器后，进入净化气冷凝器降温至 40℃，再经净化气分离器分离水分及杂质后进入脱水系统。

吸收 CO_2 后的 MDEA 溶液称为富液，富液由吸收塔底减压至 0.5MPa，经富液预热器（E—206）和贫富液换热器，富液温度由 65～75℃上升至 95℃，经再生塔顶部喷淋入塔。在再生塔内，溶液中的 $R_2CH_3NH^+\cdot HCO_3^-$ 受热分解释放出 CO_2，CO_2 随同大量的水蒸气及少量的 MDEA 蒸气经洗涤由塔顶流出，温度约为 98℃，压力约为 0.035MPa（表压），经富液预热器与富液进行热量交换后，进入 CO_2 水冷却器，与循环水进行热量交换，CO_2 气体降温至≤40℃，然后去 CO_2 分离器。在 CO_2 分离器内，气体夹带的水分被分离，CO_2气体经管道引至再生塔顶放空。经酸气分离器分离出的冷凝液排至低位罐而后经地下泵打入贫液泵进口循环使用。

由再生塔底部引出的贫液经贫富换热器降温至 50～67℃后，进入贫液泵加压至 6.0MPa，经贫液水冷却器冷却后依次经机械过滤器、活性炭过滤器、机械过滤器除去杂质，送入吸收塔上部喷淋洗涤。

再生塔塔底溶液进入蒸汽再沸器经蒸汽加热至108～116℃后溶液中的 $R_2CH_3NH^+ \cdot HCO_3^-$受热分解释放出 CO_2，贫液由再生塔底部引出，CO_2 从再生塔顶部流出；再生塔加热的热源来自界区内业主自备蒸汽锅炉生产的 0.4MPa 饱和蒸汽。

2. 脱水

若天然气中含有水分，则在液化装置中，水在低于 0℃时将以冰或霜的形式冻结在换热器的表面和节流阀的工作部位。另外，天然气和水会形成天然气水合物，它是半稳定的固态化合物，可以在 0℃以上形成，堵塞管线和分离设备。

为了避免天然气中由于水的存在造成堵塞现象，通常须在高于水合物形成温度时就将原料气中的游离水脱除，使其露点达到－100℃以下。目前天然气脱水方法有冷却法、吸收法和吸附法等，通常采用吸附法。表 1-2 为几种常见的分子筛，表 1-3 为天然气中几种常见物质的公称直径。

几种常见的分子筛　　表 1-2

型　号	孔径（$\times10^{-10}$m）
3A	3.0～3.3
4A	4.2～4.7
5A	4.9～5.6

天然气中几种常见物质的公称直径　　表 1-3

分　子	公称直径（$\times10^{-10}$m）	分　子	公称直径（$\times10^{-10}$m）
H_2	2.4	CH_4	4.0
CO_2	2.8	C_2H_6	4.4
N_2	3.0	C_3H_8	4.9
H_2O	3.2	nC4～nC22	4.9
CH_3OH	4.4	iC4～iC22	5.6
H_2S	3.6	苯	6.7

结合表 1-2 和表 1-3 可得出，要用分子筛脱水，选择 4A 分子筛比较合适，因为 4A 分子筛的孔径为（4.2～4.7）$\times10^{-10}$m，水的公称直径为 3.2×10^{-10}m。4A 分子筛也可以吸附 CO_2和 H_2S 等杂质，但不能吸附重烃，所以分子筛是优良的水吸附剂，其分子筛再生温度控制在 250～280℃范围。图 1-4 是液化天然气工厂最常用的脱水工艺——分子筛吸附脱水。

工艺过程：

为满足低温工作状态的要求，经脱水系统净化后的天然气中水含量应低于 1×10^{-6} m^3/m^3。

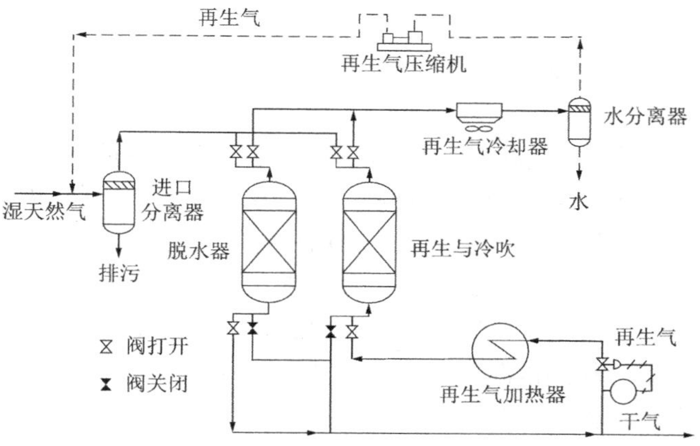

图 1-4　分子筛吸附脱水

从脱碳系统来的天然气进入分子筛干燥器，采用 4A 专用分子筛吸附脱除天然气中水份至小于 $1\times10^{-6}m^3/m^3$ 后进入粉尘过滤器，去除粉尘后一路进入纯化系统，另一路经减压后作为干燥器的再生用气。分子筛纯化器为两台切换使用，一台吸附，一台加热再生与冷吹。

在再生阶段：再生气经天然气加热炉盘管加热到 250～280℃后进入干燥器，解吸其中的 H_2O；在冷吹阶段：该气体经旁通加热炉进入干燥器，冷却分子筛床层。出干燥器后的再生气经再生气冷却器冷却到常温，并经再生气分离器分离后返回天然气压缩机入口循环压缩。

脱水系统由两台分子筛干燥器、一台天然气加热炉、一台再生气冷却器、一台再生气分离器和一台粉尘过滤器组成。

3. 重烃的脱除

重烃常指碳五、碳六以上的烃类，在烃类中，随着分子量由小变大，其沸点由低到高变化，在冷凝天然气时，重烃总是先被冷凝下来，可能会冻结堵塞设备；天然气中重烃组分的变化对露点温度或压力有很大的影响，使用活性炭吸附，其脱除工艺与脱水工艺类似，只是活性炭再生温度在 220～250℃范围。脱苯、重烃工艺流程如图 1-5 所示。

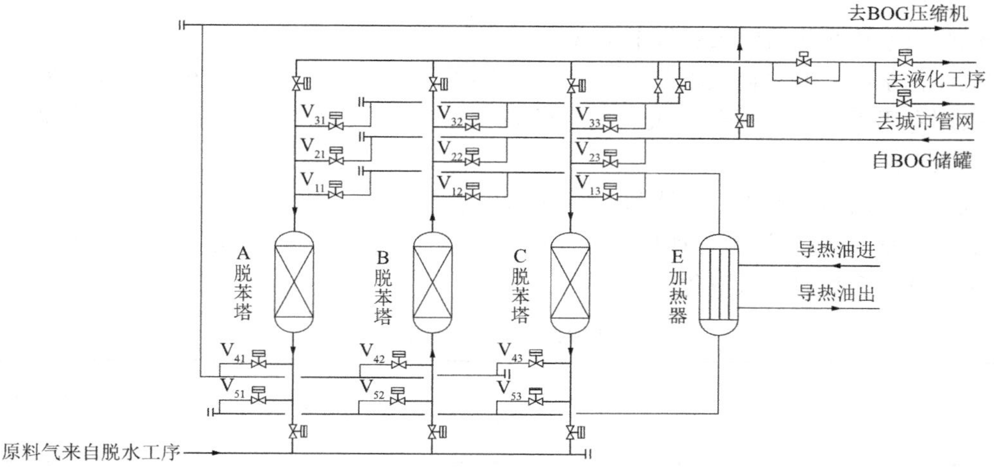

图 1-5　脱苯、重烃工艺流程图

工艺过程：

为满足低温工作状态的要求，经纯化系统净化后的天然气中芳香烃类杂质含量降至（1～10）$\times10^{-6}m^3/m^3$。

从脱水系统来的干燥天然气进入纯化器，采用活性炭吸附脱除天然气中的芳香烃类杂质至（1～10）$\times10^{-6}m^3/m^3$后，一路进入脱汞系统，另一路经减压后作为纯化器的再生用气。

纯化器为两台切换使用，一台吸附，一台加热再生与冷吹。

在再生阶段：再生气经天然气加热炉盘管加热到220～250℃后进入纯化器，解吸其中的芳香烃类杂质；在冷吹阶段：该气体经旁通加热炉进入纯化器，冷却吸附床层；出纯化器后的再生气经冷却器冷却到常温并经减压后进入燃料气总管。

纯化系统由两台纯化器、一台天然气加热炉和一台再生气冷却器组成。

4. 汞的脱除

汞会严重腐蚀铝制设备，在它存在时，铝会与水反应生成白色粉末状的腐蚀产物，严重破坏铝的性质，极微量的汞足以给铝制设备带来严重的破坏。汞还会造成环境污染，对人的身体造成危害。汞使用浸泡硫磺的活性炭吸附去除，如图1-6所示。

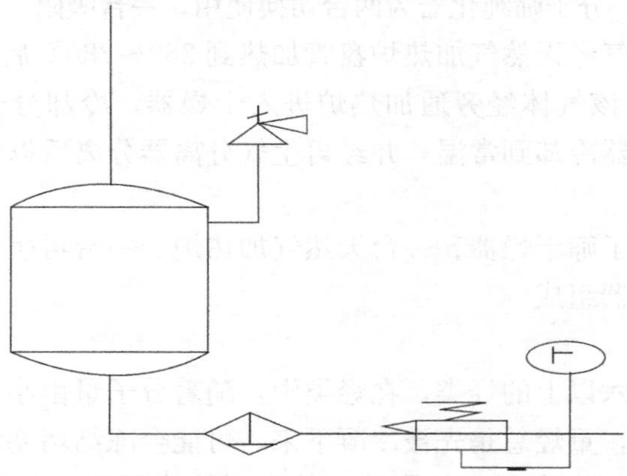

图1-6　脱汞工艺流程图

工艺过程：

经脱汞系统净化后的天然气中汞含量需降至10ng/m^3。

从纯化系统来的净化天然气经粉尘过滤器脱除粉尘后，自上而下通过脱汞吸附器床层，采用专用吸附剂吸附脱除天然气中的汞至小于10ng/m^3，再经粉尘过滤器脱除粉尘后，进入天然气液化系统。

脱汞系统由两台粉尘过滤器和一台脱汞吸附器组成。

表1-4为LNG工厂预处理指标，经以上“四脱”后进行在线分析，指标为干气（干净的天然气）后可以进入液化流程。

LNG工厂预处理指标　　　　**表1-4**

杂质	水 (m^3/m^3)	CO_2 (m^3/m^3)	H_2S (m^3/m^3)	COS (m^3/m^3)	硫化物总量 (mg/m^3)	汞 (ng/m^3)	芳香族化合物 (m^3/m^3)
指标	$<1\times10^{-6}$	（50～100）$\times10^{-6}$	4×10^{-6}	$<0.5\times10^{-6}$	10～50	<10	（1～10）$\times10^{-6}$

1.2.2 天然气液化

天然气组分的基本热力学参数如表 1-5 所示。

天然气主要组分基本热力学参数 **表 1-5**

名称	氮气 (N_2) nitrogen	甲烷 (CH_4) methane	乙烯 (C_2H_4) ethylene	丙烷 (C_3H_8) propane	异戊烷 (C_5H_{12}) isopentane
露点温度（K）	77.35	111.70	169.25	231.10	231.10
露点温度（℃）	−195.80	−161.45	−103.90	−42.05	27.80
临界温度（K）	126.10	190.60	282.35	369.80	369.80
临界温度（℃）	−147.05	−82.55	9.20	96.65	187.80
临界压力（MPa）	3.39	4.60	5.04	4.25	3.33

天然气液化是一个低温过程，原料气经预处理后，进入冷箱进行低温冷冻，冷却至−162℃左右就会液化。目前天然气液化循环主要有三种类型：复叠式制冷液化循环、混合制冷剂液化循环和带膨胀机的液化循环。

1. 复叠式制冷液化循环

这是一种常规的循环（也称阶梯式），它由若干个在不同低温下操作的蒸气制冷循环复叠组成。对于天然气的液化，一般是由丙烷、乙烯和甲烷为制冷剂的三个制冷循环复叠而成来提供天然气液化所需的冷量，它们的制冷温度分别为−40℃、−88℃及−160℃。该循环的原理如图 1-7 所示。净化后的原料天然气在三个制冷循环的冷却器中逐级地被预冷、液化并过冷，最后用低温泵将液化天然气（LNG）送至储槽。

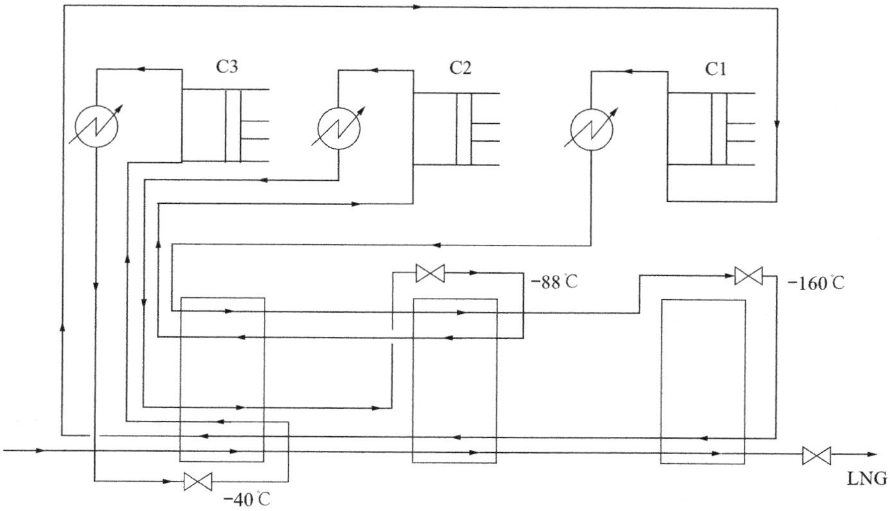

图 1-7 复叠式制冷液化循环原理图

2. 混合制冷剂液化循环

混合制冷剂液化循环是20世纪60年代末期由复叠式制冷液化循环演变而来的，它采用一种多组分混合物作为制冷剂，代替复叠式制冷液化循环中的多种纯组分制冷剂。混合制冷剂一般是C1～C5的碳氢化合物和氮气等五种以上组分的混合物，其组成根据原料气的组成和压力而定。混合制冷剂的大致组成见表1-6。工作时利用多组分混合物中重组分先冷凝、轻组分后冷凝的特性，将它们依次冷凝、节流、蒸发得到不同温度级的冷量，使天然气中对应的组分冷凝并最终全部液化。根据混合制冷剂是否与原料天然气相混合，分为闭式和开式两类循环。

天然气液化及分离技术所使用的混合制冷剂的大致组成 **表1-6**

组　分	CH_4	C_2H_6	C_3H_8	C_4H_{10}	C_5H_{12}	N_2
组成（mol%）	0.20～0.32	0.34～0.44	0.12～0.20	0.08～0.15	0.03～0.08	0～0.03

混合制冷剂液化循环流程如图1-8所示。制冷循环与天然气液化过程分开，自成一个独立的制冷系统。被压缩机压缩的混合制冷剂，经冷却器冷却后使重烃液化，在分离器1中进行气液分离。液体在换热器Ⅰ中过冷后，经节流并与返流的制冷剂混合，在换热器Ⅰ中冷却原料气和其他流体；气体在换热器Ⅰ中继续冷却并部分液化后进入分离器2。经气液分离后进入下一级换热器Ⅱ，重复上述过程。最后，分离器2中的气体主要是低沸点组分甲烷，它经节流并在换热器Ⅲ中使液化天然气过冷，然后经各换热器复热后返回压缩机。原料天然气经冷却并除去水分和二氧化碳后，依次进入换热器Ⅰ、Ⅱ和Ⅲ逐级冷却、节流、输出，最后进入储罐。

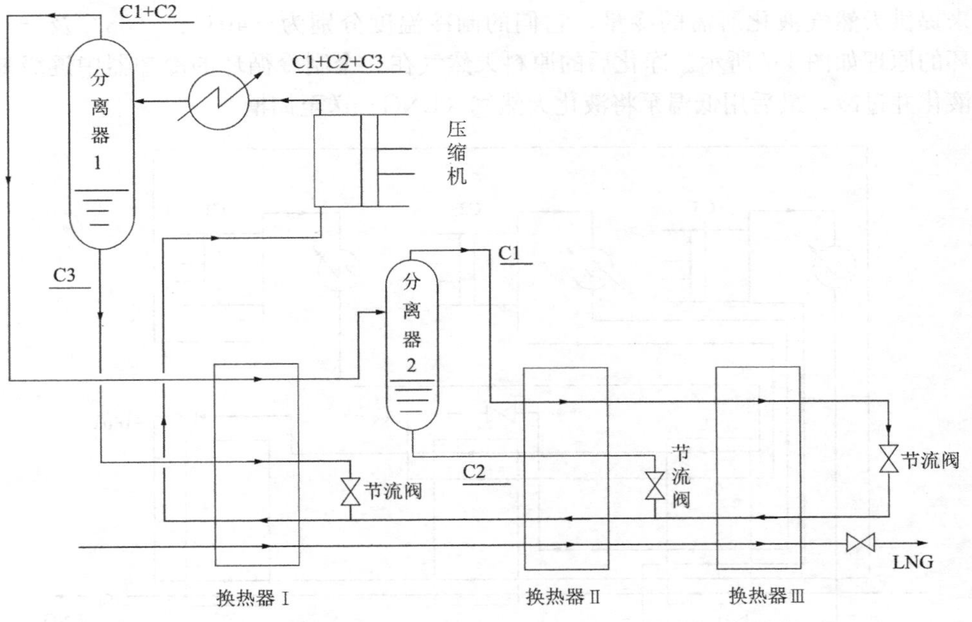

图1-8　混合制冷剂液化循环流程图

同复叠式制冷液化循环相比，混合制冷剂液化循环具有流程简单、机组少、初投资少、对制冷剂纯度要求不高等优点。其缺点是能耗比复叠式高 20%左右；对混合制冷剂各组分的配比要求严格，流程计算较困难，必须提供各组分可靠的平衡数据和物性参数。

为了降低能耗，出现了一些改进型的混合制冷剂液化循环。目前应用最多的是采用丙烷、乙烷或氨作前级预冷的混合制冷剂循环，将天然气预冷到 238～223K 后，再用混合制冷剂冷却。这时混合制冷剂只需氮、甲烷、乙烷和丙烷四种组分，因而显著地缩小了混合制冷剂的沸点范围。同时，在预冷阶段又保持了单组分制冷剂复叠式制冷液化循环的优点，提高了热力学效率。

需要指出的是，混合制冷剂的各组分一般都是部分甚至全部由天然气原料来提供或补充。因此，当天然气含甲烷较多且其他制冷剂组分的供应又不太方便时，则不宜选用此类循环。

除在天然气液化及分离技术中使用混合制冷剂循环外，近年来在稀有气体的提取、工业尾气的低温分离及氮、氢、氦的液化等方面也尝试使用混合制冷剂循环。但随着冷却温度级的不同，混合制冷剂的组成也不同。

3. 带膨胀机的液化循环

这种循环利用气体在膨胀机中作外功的绝热膨胀来提供天然气液化所需的冷量。图 1-9 为直接式膨胀机循环流程图。它直接利用输气管道内带压天然气在膨胀机中膨胀来制取冷量，使部分天然气冷却后节流液化。循环的液化系数主要取决于膨胀机的膨胀比，一般为 7%～15%。这种循环特别适用于天然气输送压力较高而实际使用压力较低，中间需要降压的场合。其突出的优点是能耗低、流程简单、原料气的预处理量少。但液化流程不是像氮气膨胀液化流程那样低的温度，且循环气量大、液化率低。膨胀机的工作性能受原料气压力和组成变化的影响较大，对系统的安全性要求高。

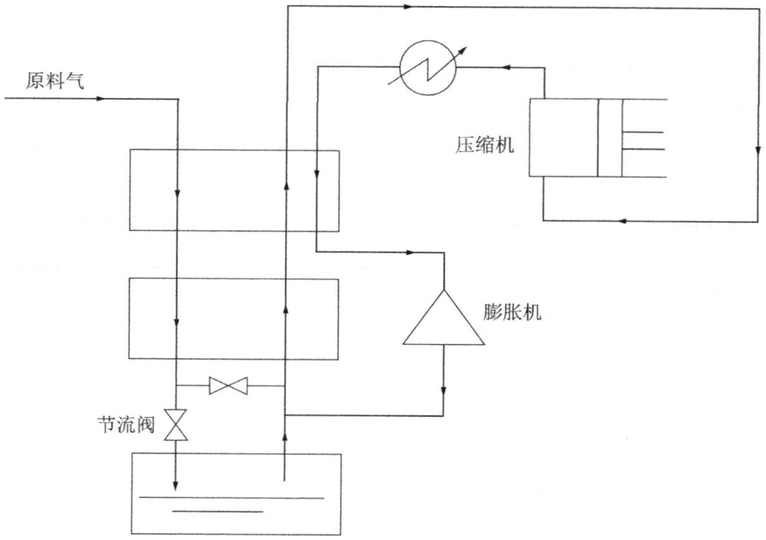

图 1-9　直接式膨胀机循环流程图

图 1-10 所示为氮气膨胀制冷循环。压缩后的氮气经换热器Ⅰ预冷后进入透平膨胀机膨胀，产生的冷量经换热器Ⅱ深冷原料气；出来的氮气进入换热器Ⅰ预冷原料气，之后回

到压缩机进口。而深冷后的液化天然气经过节流阀进入储罐。

与混合制冷剂液化循环相比，氮气膨胀制冷循环较为简单、紧凑，造价略低，启动快，热启动 1～2h 即可获得满负荷产品，运行灵活，适应性强，易于操作和控制，安全性好，放空不会引起火灾或爆炸。但其能耗比混合制冷剂液化循环高 40%左右。

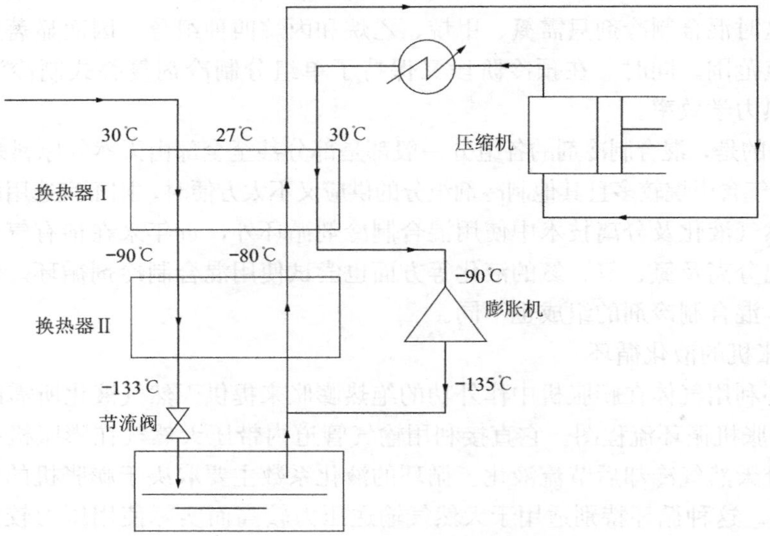

图 1-10　氮气膨胀制冷循环

1.3　液化天然气物化特性

LNG 的主要成分为 CH_4，常压下沸点在－162℃左右，气液比约为 600∶1。其液体密度约为 447kg/m³，此时气体密度约为 0.7729kg/m³。爆炸极限为 5%～15%（体积分数），燃点约为 650℃，天然气液化是一个低温加工过程，主要物化特性如表 1-7 所示。

LNG 的主要物化特性　　**表 1-7**

特性参数	数　值
液态密度（－162℃）（kg/m³）	447
气态密度（kg/m³）	0.7729
沸点（常压）（℃）	－162
凝固点（常压）（℃）	－184
燃点（℃）	650
爆炸极值（%）	5～15
低位热值（kJ/m³）	37681
高位热值（kJ/m³）	49355
临界温度（℃）	－80
临界压力（MPa）	4.58

1. 优点

(1) LNG 体积比同质量的天然气小 625 倍，所以可用汽车、轮船很方便地将 LNG 运到没有天然气的地方使用。

(2) LNG 储存效率高、占地少、投资省，$10m^3$ LNG 储存量就可供 1 万户居民 1d 的生活用气。

(3) LNG 作为优质的车用燃料，与汽油相比，它具有辛烷值高、抗爆性能好、发动机寿命长、燃料费用低、环保性能好等优点。它可将汽油汽车尾气中 HC 减少 72%，NOx 减少 39%，CO 减少 90%，SOx、Pb 降为零。

(4) LNG 汽化潜热高，液化过程中的冷量可回收利用。

(5) 由于 LNG 汽化后密度很低，只有空气的一半左右，稍有泄漏立即飞散开来，不致引起爆炸。

(6) 由于 LNG 组分较纯，燃烧完全，燃烧后生成二氧化碳和水，所以它是很好的清洁燃料，有利于保护环境及减少城市污染。

2. 缺点

(1) 低温危险性

人们通常认为天然气的密度比空气小，LNG 泄漏后可气化向空气飘散，较为安全。但事实远非如此，当 LNG 泄漏后迅速蒸发，然后降至某一固定的蒸发速度。开始蒸发时其气体密度大于空气密度，在地面形成一个流动层，当温度上升至约－110℃以上时，蒸气与空气的混合物在温度上升过程中形成了密度小于空气的“云团”。同时，由于 LNG 泄漏时的温度很低，其周围大气中的水蒸气被冷凝成“雾团”，然后 LNG 再进一步与空气混合完成气化。LNG 的低温危险性还能使相关设备脆性断裂和遇冷收缩，从而损坏设备和低温灼伤操作者。

(2) 气化膨胀危险性

虽然 LNG 储存在绝热的储罐中，但外界传入的能量均能引起 LNG 的蒸发，这就是 BOG（蒸发气体）。汽化膨胀，仅少量液体就能转化为大量气体。1 体积 LNG 大致能转化为 600 体积气体。故要求 LNG 储罐有一个极低的日蒸发率，要求储罐本身设有合理的安全系统放空。否则，BOG 将大大增加，严重者使储罐内温度、压力上升过快，直至储罐破裂。

(3) 着火危险性

天然气属易燃易爆气体，其在空气中的含量为 5%～15%（体积分数）时，遇明火可产生爆燃。因此，必须防止可燃物、点火源、氧化剂（空气）这三个因素同时存在。

(4) 翻滚危险性

翻滚是 LNG 的特殊物理现象，与储存 LNG 的储罐形状关系不大，而与 LNG 储罐的保冷绝热方式、LNG 组分及其储存时间有关。对于翻滚，其形成机理是：在向储存 LNG 的容器中注入新的 LNG 后，新的 LNG 和容器中原来的 LNG 密度不同，可能存在两个稳定的分层或单元，这是由于新注入的 LNG 与容器底部密度不同的 LNG 混合不充分造成的。虽然在每个单元内部液体密度是均匀的，但是两个单元之间底部单元液体的密度大于上部单元液体的密度。随后，由于热量输入到容器中而产生单元间的传热、传质及液体表面的蒸发，单元之间的密度将达到均衡并且最终混为一体，这种自然的混合形成“翻滚”。

“翻滚”发生时将快速地产生大量的蒸发气体，使容器受到超压的危害。翻滚发生时，可导致LNG储罐超压、失稳，安全阀起跳放空。严重时，如果翻滚产生的蒸发气体过大而安全阀放空不及时，储罐将面临破裂的危险。

3. 用途

(1) 作为清洁燃料汽化后供城市居民使用，具有安全、方便、快捷、污染小的特点。

(2) 作为代用汽车燃料使用。采用LNG作为汽车发动机燃料，发动机仅需作适当变动，运行不仅安全可靠，而且噪声低、污染小，特别是在排放法规日益严格的今天，以LNG作为燃料的汽车，排气明显改善。据资料报道：与压缩天然气（CNG）比较，在相同的行程和运行时间条件下，对于中型和重型车辆而言，LNG汽车燃料成本要低20%，质量要轻2/3，同时，供燃系统装置的成本也至少低2/3。可以证明，将天然气液化并以液态储运是促使它在运输燃料中应用的最经济有效的方法。

(3) 作为冷源用于生产速冷食品以及塑料、橡胶的低温粉碎等，也可用于海水淡化和电缆冷却等。

(4) 作为工业气体燃料，用于玻壳厂、工艺玻璃厂等行业。

2　液化天然气储配站的典型工艺及设备

2.1　液化天然气储配站的典型工艺和运行参数

LNG 已成为目前无法使用管输天然气供气城市的主要气源或过渡气源，也是许多使用管输天然气供气城市的补充气源或调峰气源。LNG 储配站凭借其建设周期短以及能迅速满足用气市场需求的优势，已逐渐在我国东南沿海众多经济发达、能源紧缺的中小城市建成，成为永久供气设施或管输天然气到达前的过渡供气设施。图 2-1 是 LNG 储配站的典型工艺图，图 2-2 是 LNG 储配站的典型储配 PID 图。

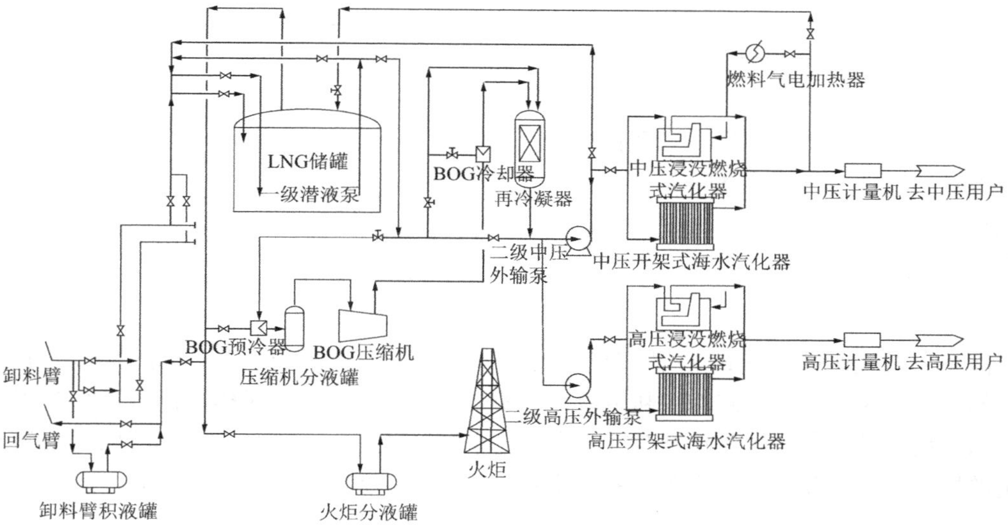

图 2-1　LNG 储配站的典型工艺图

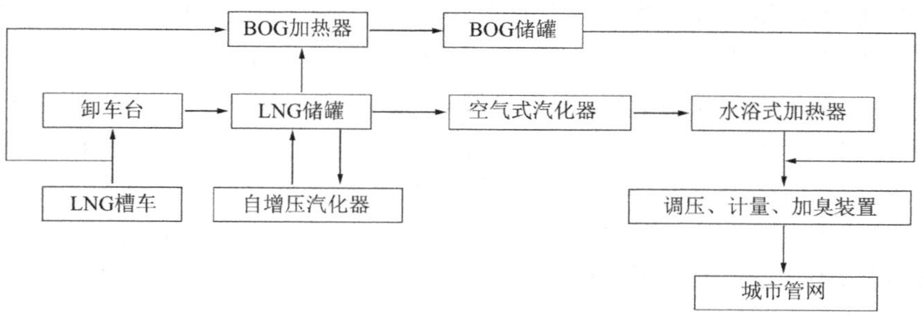

图 2-2　LNG 储配站的典型储配 PID 图

2.1.1 LNG储配站的主要工艺流程

1. LNG卸车工艺流程

一般情况下卸液可分为自增压卸液、用泵卸液、增压后用泵卸液三种。

自增压卸液：将槽车和站区增压器相连，利用增压器提高槽车压力。然后单纯依靠储罐和槽车之间的压差进行卸车。卸车期间需要给槽车不断增压。

用泵卸液：将储罐和槽车的气相连通，压力平衡后，依靠低温泵的出口压力给槽车的液体加压，完成卸车。缺点：卸液慢。优点：槽车无法实现增压时，可用该方法。

增压后用泵卸液：给槽车增压后，既依靠压差又用泵增压卸液。卸液速度较快，如图2-3所示。

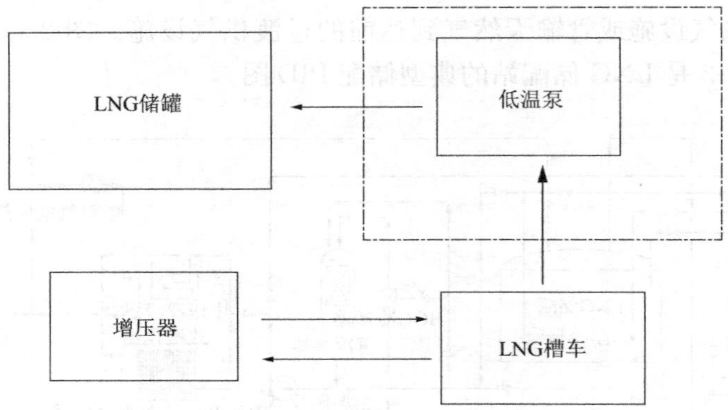

图 2-3 增压后用泵卸液

液态天然气通过公路LNG槽车或罐式集装箱车从LNG液化工厂运抵用气城市LNG气化站，通常采用自增压卸液，利用槽车上的空温式升压汽化器对槽车储罐进行升压（或通过站内设置的卸车增压汽化器对罐式集装箱车进行升压），使槽车与LNG储罐之间形成一定的压差，利用此压差将槽车中的LNG卸入气化站储罐内。卸车结束时，通过卸车台气相管道回收槽车中的气化天然气。

卸车时，为防止LNG储罐内压力升高而影响卸车速度，当槽车中的LNG温度低于储罐中的LNG温度时，采用上进液方式卸车。槽车中的低温LNG通过储罐上进液管喷嘴以喷淋状态进入储罐，将部分气体冷却为液体而降低罐内压力，使卸车得以顺利进行；此种卸车方式在实际工作中常采用。当槽车中的LNG温度高于储罐中的LNG温度时，采用下进液方式卸车。槽车中的高温LNG由下进液口进入储罐，与罐内低温LNG混合而降温，避免高温LNG由上进液口进入罐内蒸发而升高罐内压力导致卸车困难。实际操作中，LNG储配站一般没有设置制冷液化设备，储罐经阳光照射及与大气接触，罐内液体的温度通常较高，使用量较少的储配站液体温度上升较高。目前LNG气源地距用气城市较远，经长途运输到达用气城市时，槽车内的LNG温度通常低于气化站储罐中的LNG温度，所以LNG卸车时通常先采用上进液方式10min左右，后采用下进液方式。卸车工艺如图2-4所示。

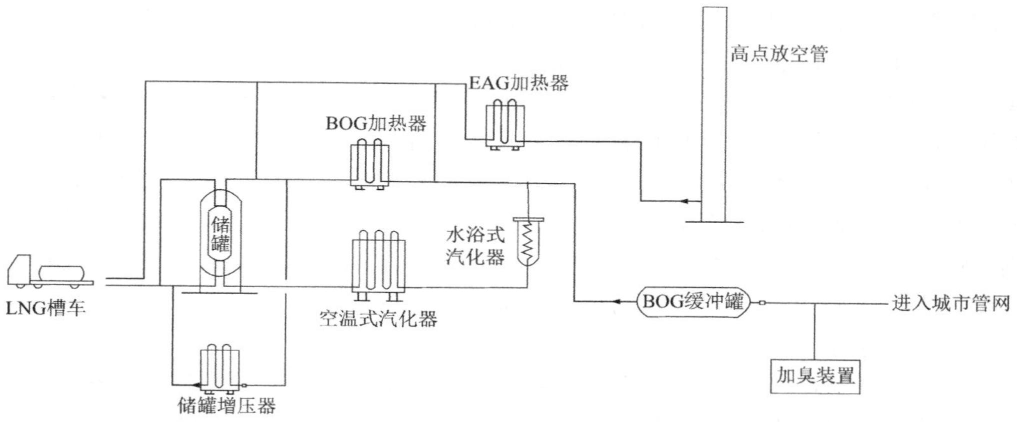

图 2-4　卸车工艺图

作业时注意：为防止卸车时急冷产生较大的温差应力损坏管道或影响卸车速度，每次卸车前都应当用储罐中的 LNG 对卸车管道进行预冷。同时应防止快速开启或关闭阀门使 LNG 的流速突然改变而产生液击损坏管道。

2. LNG 气化工艺流程

LNG 的气化主要靠压力推动，液体从储罐流向空温式汽化器，气化为气态天然气后供应用户。LNG 气化工艺流程如图 2-5 所示，现场实物如图 2-6 所示。

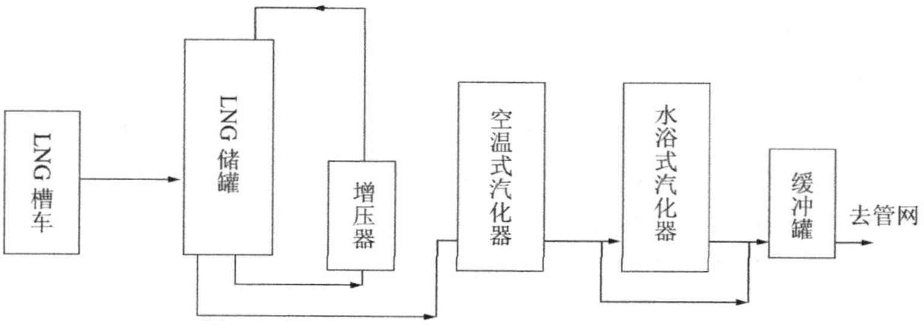

图 2-5　LNG 气化工艺流程图

图 2-6　LNG 气化工艺流程现场实物

随着储罐内 LNG 的流出，罐内压力不断降低，LNG 出罐速度逐渐变慢直至停止。因此，正常供气操作中必须不断向储罐补充气体，将罐内压力维持在一定范围内，才能使 LNG 气化过程持续进行。储罐的增压是利用自动增压阀和自增压空温式汽化器实现的。当储罐内压力低于自动增压阀的设定开启值时，自动增压阀打开，储罐内 LNG 靠液位差流入自增压空温式汽化器（自增压空温式汽化器的安装高度应低于储罐的最低液位），在自增压空温式汽化器中 LNG 经过与空气换热气化成气态天然气，然后气态天然气流入储罐内，将储罐内压力升至所需的工作压力。利用该压力将储罐内的 LNG 送至空温式汽化器气化，然后对气化后的天然气进行调压（通常调至 0.4MPa）、计量、加臭后，送入城市中压输配管网为用户供气。

在夏季，空温式汽化器天然气出口温度可达 15℃，直接进管网使用。在冬季或雨季，空温式汽化器气化效率大大降低，尤其是在寒冷的北方，冬季时空温式汽化器天然气出口温度有可能在 0℃以下，因此必须投用水浴式加热器，保证天然气出口温度在 15℃以上。

3. 储罐调压工艺

LNG 储罐在出液过程中，随着液位的下降，罐内气相空间增大，压力下降。当压力降至一定数值时就不能满足供气的需要。为了增加输气压力，应对出液的储罐增加压力。

LNG 储罐在储存 LNG 过程中，罐内温度一般在－140～－162℃，尽管对储罐进行了绝热保冷处理，但外界环境的热量还是会进入储罐内，使 LNG 气化成蒸发气体（BOG）。随着 BOG 的增多，罐内气相空间压力增大。当增大到一定数值时应及时泄放降压，否则将危及储罐的安全。

因此，在储罐下部设置增压器和增压调节阀，完成增压工艺操作，这也是自增压（气相）式工艺流程的显著特点。在储罐 BOG 气相管上设置降压调节阀，完成降压操作。两种调压过程应分别同时具备自动和手动的功能。

LNG 储罐调压原理如图 2-7 所示。

4. 倒罐工艺

由于生产运行和安全的需要，有时会将站内某一储罐的 LNG 倒入另一储罐内，该工艺过程原理如图 2-8 所示。

假定将储罐 2 内的 LNG 倒入储罐 1 内。工艺过程为：在图中阀门全部关闭的情况下，开启阀门 301、102、101，储罐内的 LNG 进入增压器发生相变，气化成气体；开启阀门 211，气化后的低温天然气进入储罐 2 内，随着低温天然气的不断输入，储罐内的气相压力不断增大，当增大到比储罐 1 内的压力高出一定数值时，关闭阀门 101、102、301、211，增压过程结束。然后开启阀门 201、101，由于储罐 2 和储罐 1 内压力差的作用，储罐 2 内的 LNG 被压入到储罐 1 内，直到达到两罐内压力平衡，储罐 2 内的 LNG 不再流入储罐 1 内，倒罐过程结束。

倒罐过程速度的快慢，与储罐 1、储罐 2 内的原有压力、原有液位高度及需要倒入的 LNG 数量等因素有关。有时一次倒入不够，可按上述过程反复操作，直到符合要求为止。但储罐 2 内的 LNG 不应被倒空，一般应留有 20%（体积分数）的剩余液体。

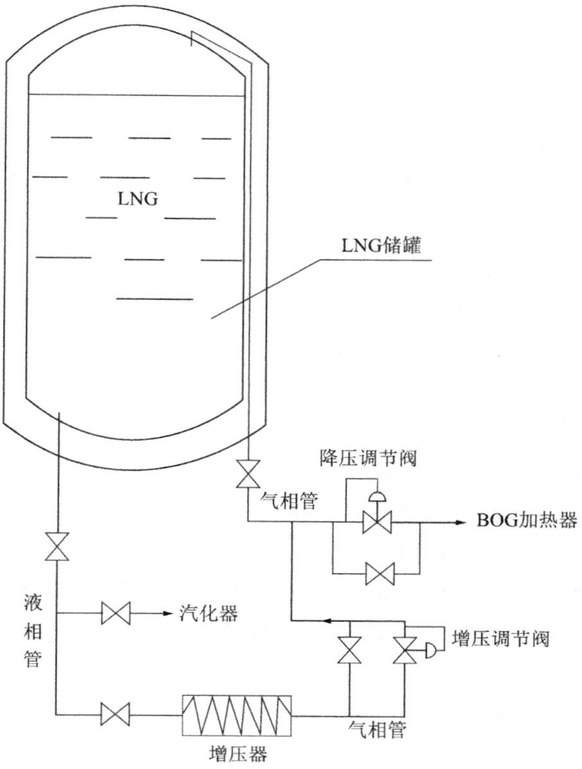

图 2-7　LNG 储罐调压原理图

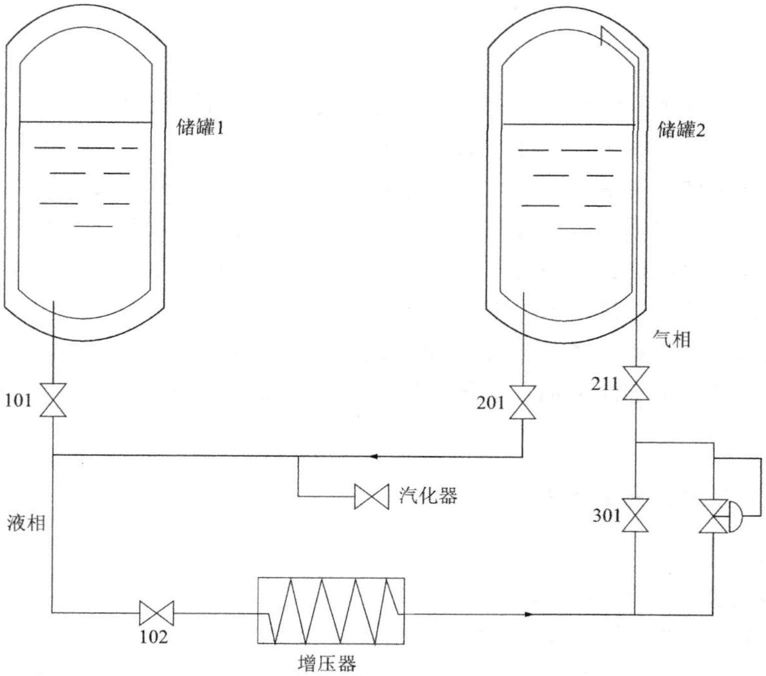

图 2-8　倒罐工艺原理图

5. BOG回收处理工艺

由于吸热或压力变化造成LNG的一部分蒸发为气体，即BOG。主要包括：

(1) LNG储罐吸收外界热量产生的蒸发气体；

(2) LNG卸车时储罐由于压力、气相容积变化产生的蒸发气体；

(3) 新进的LNG与储罐原有温度较高的LNG接触产生的蒸发气体；

(4) 卸车时增压产生的蒸发气体；

(5) 槽车及管路中的残余气体。

由于排出的BOG气体为高压低温状态，且流量不稳定。因此本套设备设置了BOG加热器和缓冲调压输出系统，系统产生的BOG气体可以通过调压计量后进入管网。

6. 安全泄放工艺

天然气为易燃易爆物质，在温度低于－120℃左右时，天然气密度比空气大，一旦泄漏在地面聚集，不易挥发；而常温时，天然气密度远小于空气密度，易扩散。根据其特性，按照规范要求必须进行安全排放，设计采用集中排放的方式。安全泄放工艺系统由安全阀、爆破片、EAG加热器、放散塔组成。

设置EAG加热器，对放空的低温LNG进行集中加热后，经阻火器后通过放散塔高点排放，EAG加热器采用控温式加热器加热。常温放散LNG直接经过阻火器后排入放散塔。

为了提高LNG储槽的安全性能，采用降压装置、压力报警手动放空、安全阀起跳三级保护措施。

缓冲罐上设置安全阀及爆破片，安全阀设定压力为储罐设计压力。

在一些可能形成密闭空间的管道上，设置手动放空加安全阀的双重措施。管道设计压力为1.0MPa。

7. 加臭计量工艺

主汽化器及缓冲罐气体进入计量段，计量完成后经过加臭处理，输入用气管网。

计量采用气体涡轮流量计，计量精度为1.5级。量程大于1∶16，可满足最小流量和最大流量时的计量精度要求。流量计表头为机械的字轮显示，不丢失计量数据。流量计配备体积修正仪，自动将工况流量转换为标准流量，并自动进行温度、压力和压缩系数的修正补偿。可存储一年或更长时间内的数据，对流量实现自动管理和监控功能。流量计设旁路，在流量计校验或者检修时可不中断供气。

加臭设备为撬装一体设备。根据流量计或流量积算仪传来的流量信号按比例加注臭剂，也可按固定的数量加注臭剂，臭剂为四氢噻吩。加臭设备具有运行状态显示的功能，参数可设定。

2.1.2 LNG储配站的运行参数

1. 运行基本要求

LNG气化站运行的基本要求是：

(1) 防止LNG和气态天然气泄漏与空气形成爆炸性混合物。

(2) 消除引发燃烧、爆炸的基本条件，按规范要求对LNG工艺系统与设备进行消防保护。

(3) 防止 LNG 设备超压和超压排放。

(4) 防止 LNG 的低温特性和巨大的温差对工艺系统的危害及对操作人员的冷灼伤。

2. 工艺系统预冷要求

在 LNG 气化站竣工后正式投运前，应使用液氮对低温系统中的设备和工艺管道进行干燥、预冷、惰化和钝化。预冷时利用液氮槽车阀门的开启度来控制管道或设备的冷却速率≤1℃/min。管道或设备温度每降低 20℃，停止预冷，检查系统的气密性及管道与设备的位移。预冷结束后用 LNG 储罐内残留的液氮气化后的气体吹扫干净。

3. 运行参数

(1) LNG 储罐的压力控制

正常运行中，必须将 LNG 储罐的操作压力控制在允许的范围内。LNG 储罐的正常工作压力范围为 0.3～0.7MPa，罐内压力低于设定值时，可利用自增压汽化器和自增压阀对储罐进行增压。增压下限由自增压阀的开启压力确定，增压上限由自增压阀的自动关闭压力确定，其值通常比设定的自增压阀开启压力约高 15%。例如：当 LNG 用作城市燃气主气源时，若自增压阀的开启压力设定为 0.6MPa，则自增压阀的关闭压力约为 0.69MPa，储罐的增压值为 0.09MPa。

储罐的最高工作压力由设置在储罐低温气相管道上的自动减压调节阀的定压值（前压）限定。当储罐的最高工作压力达到减压调节阀设定开启值时，减压阀自动开启卸压，以保护储罐安全。为保证增压阀和减压阀工作时互不干扰，增压阀的关闭压力与减压阀的开启压力不能重叠，应保证有 0.05MPa 以上的压力差。考虑两阀的制造精度，合适的压力差应在设备调试中确定。

(2) LNG 储罐的超压保护

LNG 在储存过程中会由于储罐的“环境漏热”而缓慢蒸发（日静态蒸发率（体积分数）≤0.3%），导致储罐的压力逐步升高，最终危及储罐安全。为保证储罐安全运行，设计上采用储罐减压调节阀、压力报警手动放散、安全阀起跳三级安全保护措施。

其保护顺序为：当储罐压力上升到减压调节阀设定开启值时，减压调节阀自动打开泄放气态天然气；当减压调节阀失灵，罐内压力继续上升，达到压力报警值时，压力报警，手动放散卸压；当减压调节阀失灵且手动放散未开启时，安全阀起跳卸压，保证 LNG 储罐的安全运行。对于最大工作压力为 0.80MPa 的 LNG 储罐，设计压力为 0.84MPa，减压调节阀的设定开启压力为 0.76MPa，储罐报警压力为 0.78MPa，安全阀开启压力为 0.80MPa，安全阀排放压力为 0.88MPa。

2.2 液化天然气储配站的常见设备设施

2.2.1 LNG 储罐

LNG 储罐是一种低温绝热压力容器，设计为双层（真空）结构。内胆用来储存低温液态的 LNG，在其外壁缠有多层绝热材料，具有超强的隔热性能，同时夹套（两层容器之间的空间）被抽成高真空，共同形成良好的绝热系统。外壳和支撑系统的设计能够承受运输车辆在行驶时所产生的相关外力。

内容器在气相管路上设计有安全阀，在超压时起到保护储罐的作用。在超压情况下，安全阀打开，其作用是放散由绝热层和支撑正常的漏热损失导致的压力上升或真空遭破坏后以及在失火条件下的加速漏热导致的压力上升。

外壳在超压条件下的保护是通过爆破装置来实现的。如果内胆发生泄漏（导致夹套压力超高），爆破装置将打开泄压。万一爆破装置发生泄漏将导致真空破坏，这时可以发现外壳出现“发汗”和结霜现象。当然，在与罐体连接的管道末端出现结霜或凝水现象是正常的。

所有的管道阀件都设置在储罐的一端，如图 2-9、图 2-10 所示。

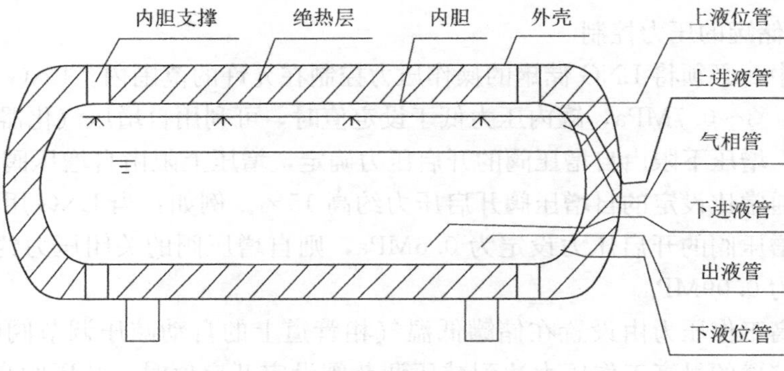

图 2-9　LNG 储罐卧式主体结构及接管示意图

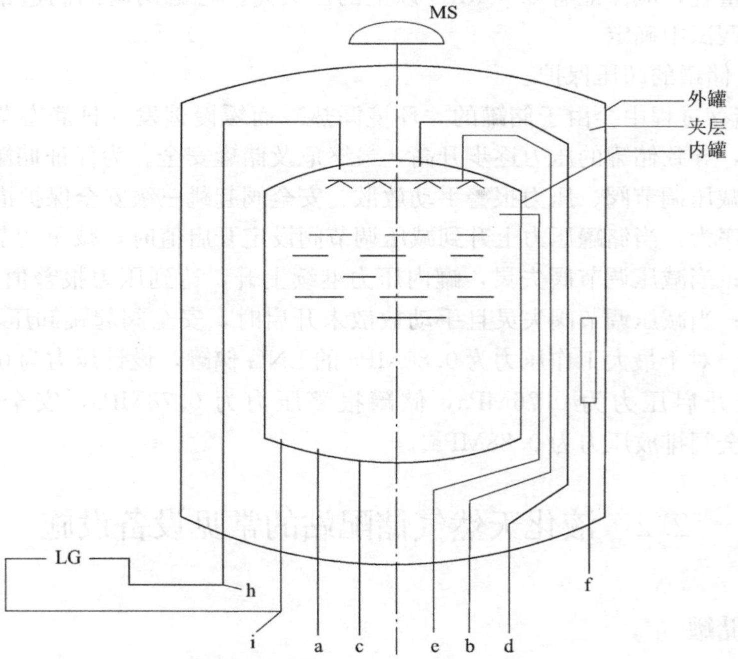

图 2-10　LNG 储罐立式主体结构及接管示意图

a—罐底进液管口；b—罐顶进液管口；c—罐底出液管口；d—罐顶气相出口；

e—测满管口；f—测真空度、抽真空管口；h—液位计及压力计气相接口；

i—液位计及压力计液相接口；MS—防爆装置；LG-液位计

储罐是LNG储配站的主要设备，占有较大的造价比例，应高度重视储罐设计。城市LNG气化站的储罐通常采用立式双层金属单罐，其内部结构类似于直立的暖瓶，内罐支撑于外罐上，内外罐之间是真空粉末绝热层。储罐容积为50～100m^3，多采用100m^{3}的储罐。

对于100m^{3}的立式储罐，其内罐内径为3000mm，外罐内径为3200mm，罐体加支座总高度为17100mm，储罐几何容积为105.28m^3。技术参数见表2-1。

立式储罐技术参数 **表2-1**

技术参数名称	内罐	外罐	备注
有效容积（m^3）	100	—	
几何容积（m^3）	105.28		
储存介质	LNG	珠光砂（夹层）	
材质	0Cr18Ni9	Q345R	
工作温度（℃）	−196	常温	
设计温度（℃）	−196	常温	
工作压力（MPa）	1.0	0.1	
设计压力（MPa）	1.2	−0.1	
蒸发率	0.2%/d		
内槽射线探伤比例	100%RT Ⅱ级	20%UT Ⅱ级 100%PT Ⅰ级	内、外罐及其管线的所有焊缝用氦检漏
腐蚀裕量	0	1	
质量			kg

外罐的主要作用是以吊挂式或支撑式固定内罐和绝热材料，同时与内罐形成高真空绝热层。作用在外罐上的荷载主要为内罐和介质的重力荷载以及绝热层的真空负压。所以外罐为外压容器，设计压力为−0.1MPa。

正常操作时LNG储罐的工作温度为−162.3℃，第一次投用前要用−196℃的液氮对储罐进行预冷，所以储罐的设计温度为−196℃。内罐既要承受介质的工作压力，又要承受LNG的低温，所以要求内罐材料必须具有良好的低温综合机械性能，尤其要具有良好的低温韧性，因此内罐材料采用0Crl8Ni9，相当于ASME（美国机械工程师协会）标准的304。

根据内罐的计算压力和所选材料，内罐的计算厚度和设计厚度分别为11.1mm和12.0mm。作为常温外压容器，外罐材料选用低合金容器钢Q345R，其设计厚度为10.0mm。

开设在储罐内罐上的接管口有：上进液口、下进液口、出液口、气相口、测满口、上液位计口、下液位计口、工艺人孔8个接管口。内罐上的接管材质都为0Cr18Ni9。

为便于定期测量真空度和抽真空，在外罐下封头上开设有抽真空口（抽完真空后该管口被封闭）。为防止真空失效和内罐介质漏入外罐，在外罐上封头设置防爆装置。

储罐液位计量系统采用差压式液位计。在储罐内容器的底部和顶部都设有引压管，液位高度的静压差由液位计读出，再根据设计的液位体积换算表，可比较精确地换算出储罐内剩余LNG的量。

2.2.2 LNG潜润型低温泵

国内LNG加注站的设备技术发展较晚，目前国内已建成的LNG加注站投入使用的LNG低温泵均采用国外进口泵。LNG低温泵的流量根据加注站的设计规模选定，目前我国LNG低温泵选用进口产品——美国ACD公司或法国Cryostar公司的TC34型二级潜液泵。LNG低温泵泵体为浸没式两级离心泵，整体浸入泵池中，无密封件，所有运动部件由低温液体冷却和润滑。LNG低温泵由变频器控制，实物如图2-11所示。

图2-11 LNG低温泵及真空泵池实物图

LNG低温泵的主要参数如下：

厂家：美国ACD/法国Cryostar；

型号：TC34 1X2X6-2VSL潜润型低温泵；

设计流量：340L/min；

设计扬程：220m；

最大扬程：250m；

进口静压头：≥1.0m；

电机功率：11kW；

转速：1500～6000r/min；

电源：3相，380V。

2.2.3 汽化器

汽化器又叫蒸发器，是将液体汽化成气体的热交换器。液化天然气总是要汽化并恢复到常温以后才能使用。LNG汽化器是一种专门用于液化天然气汽化的换热器。

LNG汽化器（蒸发器）按结构或热源不同，可分为板翅式、管壳式、中流式、开架式及浸没燃烧式等多种。LNG接收终端多采用开架式水淋蒸发器和浸没燃烧式蒸发器。前者以海水为加热介质，体积庞大，且需配置海水系统，故投资较高，占地面积较大，但运行成本低，且安全可靠。对于基本负荷型供气要求，可采用多台并联运行。后者以终端蒸发气为燃料，采用燃烧加热，其优点是投资低、启动快、能迅速调节LNG蒸发量，但运行成本高，通常只用于调峰。

LNG汽化器按其热源的不同可分为以下三种类型：

加热型汽化器：汽化器的热量来源于燃料燃烧、电力、锅炉或内燃机废热等；

环境型汽化器：汽化器的热量来源于自然环境的热源，如大气、海水、地热等；

工艺型汽化器：汽化器的热量来源于另外的热动力过程或化学过程，或有效利用液化天然气的制冷过程。

1. 汽化器的基本要求

(1) 汽化器的设计压力，应大于或等于LNG泵或供给LNG的压力容器系统的最大出口压力中较大的压力值。

(2) 汽化器组的各个汽化器均应设置进口和排放切断阀。

(3) 应安装恰当的自动化设备，以避免LNG或汽化气体以高于或低于外送系统的温度进入输配系统。

(4) 用于防止LNG进入空置汽化器组的隔断设施应包括两个进口阀，并且提供排除两个阀门之间可能聚集的LNG或气体的安全措施。

(5) 每一个加热型汽化器应提供一种在距汽化器至少15m处能切断热源的方式，此设备在其安装位置应方便操作。

(6) 如果汽化器与向其供液的储罐的距离大于15m，则应在LNG管路距加热型汽化器15m处设置切断阀。此切断阀应在其安装位置和以远程方式均可操作，且应防止因外部结冰而不可操作。

(7) 安装在距LNG储罐15m之内的环境型或加热型汽化器，均应在液体管路上设置自动切断阀，此阀应设在距汽化器至少3m处，应在管路失压时（过流），或汽化器紧邻区域温度异常时（火灾），或汽化器出口管路出现低温时，能自动关闭。在有人值班的地方，应允许在距汽化器至少15m处对此阀实现远程操作。

(8) 如果在远程加热型汽化器中采用了可燃中间流体，应在中间流体系统管路的热端和冷端均设置切断阀。这些阀的控制设施应设在距汽化器至少15m处。

(9) 每台汽化器都应当安装减压阀，减压阀的口径按下列要求选取：

1) 加热型或工艺型汽化器的减压阀的排出量，应为额定的汽化器天然气流量的110%，不允许压力上升到超过最大许用压力的10%以上；

2) 环境型汽化器的减压阀的排出量，至少应为额定的汽化器天然气流量的150%，不允许压力上升到超过最大许用压力的10%以上。加热型汽化器的减压阀在运行时温度不能超过60℃，除非设计的阀门能承受高温。

(10) 整体加热型汽化器或远程加热型汽化器用的一次热源在运行时燃烧所需要的空气，应从一个完全封闭的建筑外部获得。在安装整体加热型汽化器或远程加热型汽化器的一次热源的地点，应防止燃烧后生成的有害气体积聚。

2. 空温式汽化器

空温式汽化器是利用LNG减压后吸收空气（大气）的热量而气化的一种气化装置，它不是一种紧凑式换热器。为了从大气中获取最大的热能，空温式汽化器的换热管往往采用翅片管组成，如图 2-12 所示，储配场站实物如图 2-13 所示。

图 2-12　空温式汽化器实物图

空温式汽化器在终端型 LNG 接收站主要用于一些辅助性的 LNG 汽化。如用于防真空补气系统，补气的气源通常为蒸发器（空温式汽化器）出口管汇引出的天然气。

图 2-13　空温式汽化器在 LNG 储配场站实物图

空温式汽化器，利用环境中自然对流的空气热对低温液体进行加热并使其气化，无须额外动力和能源消耗。设备中无运动零部件，所以其性能相当稳定，维护简单，是一种高效、经济的换热设备。

空温式汽化器的优点：

(1) 空气可以随意从大气中获得，而且不需付费；

(2) 空温式汽化器容易设计，且运转性能好，可靠程度也高；

(3) 空气无任何腐蚀性；

(4) 运行维护费用低，不像水喷淋系统中水泵需要消耗很大的功率；

(5) 空温式汽化器可以消除一些环境问题，如污水的排放。

空温式汽化器的不足：

（1）由于空气侧的换热系数小及空气的比热低，所以空温式汽化器比水浴式汽化器需要更大的传热面积；

（2）气化量受气温的影响较大，在气温较低时（在北方）气化量可能达不到额定值。

空温式汽化器根据用途分为增压式和供气式两类。供气式空温式汽化器主要用于LNG，给出具有一定过热度的带压气体以满足用户的需要，其结构包含蒸发部分与加热部分两段。增压式空温式汽化器只是为了提供槽车、储罐等输液的压力，所以其只具有蒸发部分，以饱和温度气体进入槽车或储罐。

空温式汽化器是由带有翅片的传热管焊接组成的换热设备，分为蒸发（气化）部分和加热部分。蒸发（气化）部分由端板管连接并排的传热管构成，加热部分由用弯管接头串联成一体的传热管组成，如图 2-14 所示。传热管是将散热片和管材挤压而成，其横断面一般为星形翅片（见图 2-15），翅片材质为铝合金。

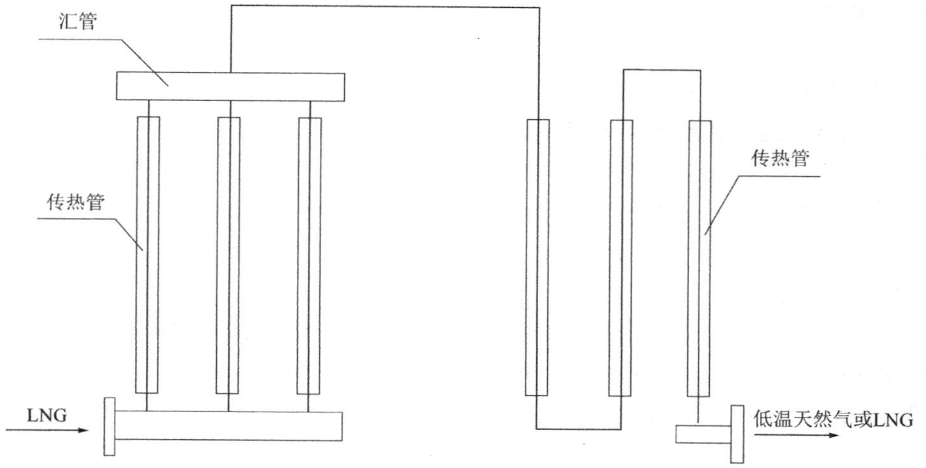

图 2-14 空温式汽化器气化工艺示意图

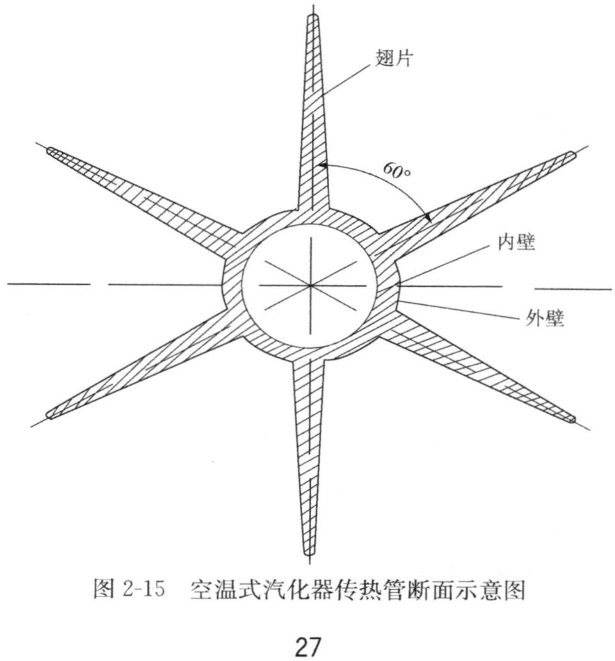

图 2-15 空温式汽化器传热管断面示意图

LNG在空温式汽化器中的气化过程较复杂，是一个以沸腾换热为主的传热传质过程。LNG在翅片管内流动吸热气化，管外传热为自然对流换热，热量由空气通过翅片及管壁传给LNG。当LNG温度达到泡点时，液体开始沸腾气化，气相与液相处于平衡状态；随后气相中各组分所占比例随时间不断变化，并趋近于原料液化天然气中各组分所占比例，最终气相中各组分所占比例与原料液体中各组分所占比例相同，此时的温度为露点。泡点是液相段和气相平衡段的分界点，露点是气液平衡段与气相段的分界点。随着时间的推移，LNG气化量不断增大，而后由于传热管外壁的空气被冷凝而结霜甚至结冰，气化量达到极限，然后开始下降。所以当空温式汽化器运行一段时间后，表面结霜甚至结冰，应及时切换到备用组，以保证气化量及气化温度符合要求。

空温式汽化器是LNG气化站向城市供气的主要气化设施。汽化器的气化能力按高峰小时用气量确定，并留有一定的余量，通常按高峰小时用气量的1.3～1.5倍确定。单台汽化器的气化能力按2000m^3/h计算，2～4台为一组，设计上配置2～3组，相互切换使用。

空温式汽化器安装和使用时应注意以下事项：

(1) 汽化器宜设置在室外阳光充足、通风良好的地方。

(2) 汽化器应安装在高于地平面250mm的基础上，并固定。

(3) 管路安装完毕后应用氮气吹扫，经过无泄漏试验后再行操作。

(4) 在汽化器液相入口端应设置过滤器，以防杂物进入设备。

3. 水浴式汽化器

水浴式汽化器的热源为热水，属远程加热器。水浴式汽化器通常由壳体和换热管组成，壳程走热水，管程走LNG，通过传热、能量交换，使LNG由低温变成较高温度并气化或由低温天然气变成较高温度的天然气，完成换热过程。这种传热介质的布置特点是，能使管程内的低温介质吸收到最大的热量而升高温度，而壳程内的热水温度会降低，而且壳体所受压力较低，比较安全。其工作原理如图2-16所示。

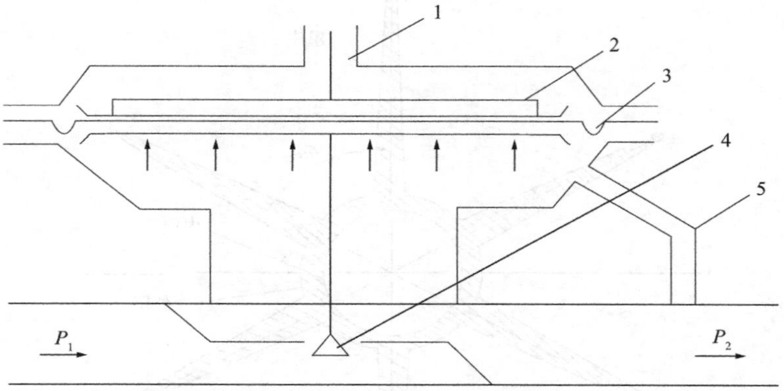

图2-16　水浴式汽化器工作原理图

1—气孔；2—重块；3—悬吊阀杆的薄膜；4—阀芯；5—导压管

在LNG储配站中该汽化器通常放于空温式汽化器后序工段，用于LNG气化后的升温或特殊情况下（如空温式汽化器发生故障停止工作）直接气化LNG时使用。

一般热水进水温度约 80℃，出水温度约 65℃。

当环境温度较低，空温式汽化器出口气态天然气温度低于 5℃时，在空温式汽化器后串联水浴式天然气加热器，对气化后的天然气进行加热。加热器的加热能力按高峰小时用气量的 1.3～1.5 倍确定。

2.2.4 调压设备

LNG 储配站设置调压设备是为了保证出站的天然气有一个稳定的供气压力，并根据燃气需用工况的变化自动保持所需压力在一个可靠的范围内。调压器的基本工作原理如图 2-17 所示。

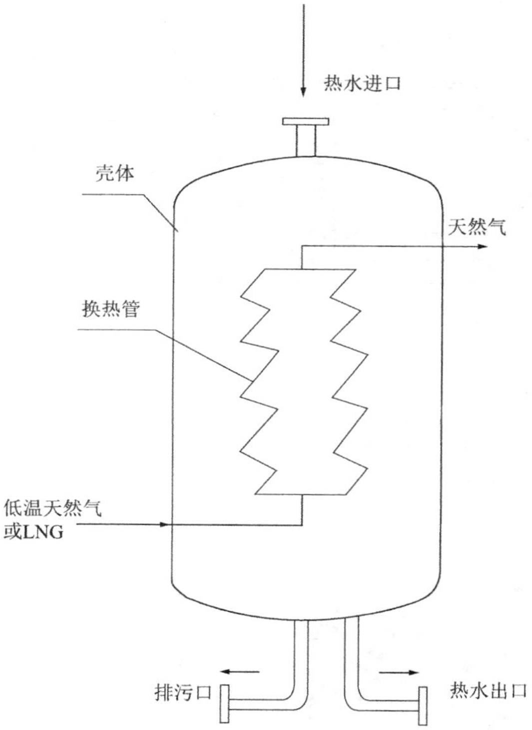

图 2-17 调压器基本工作原理图

2.2.5 计量设备

涡轮流量计的工作原理：当气体流入流量计时，在前导流体（整流器）的作用下得到整流并加速，由于涡轮叶片与气体流向成一定角度，此时涡轮产生转动力矩，在克服摩擦力矩和气体阻力矩后，涡轮开始旋转。当力矩达到平衡时，叶轮便恒速旋转。在一定条件下，叶轮转速与气体体积流量成正比，故测出叶轮转速就可求得气体体积流量。根据电磁感应原理，利用磁敏传感器从同步转动的参考轮上感应出与气体体积流量成正比的脉冲信号，该信号经放大、滤波、整形后送入智能体积修正仪，与温度、压力等信号一起进行运算处理，分别显示于 LED 屏上。其结构如图 2-18 所示，实物如图 2-19 所示。

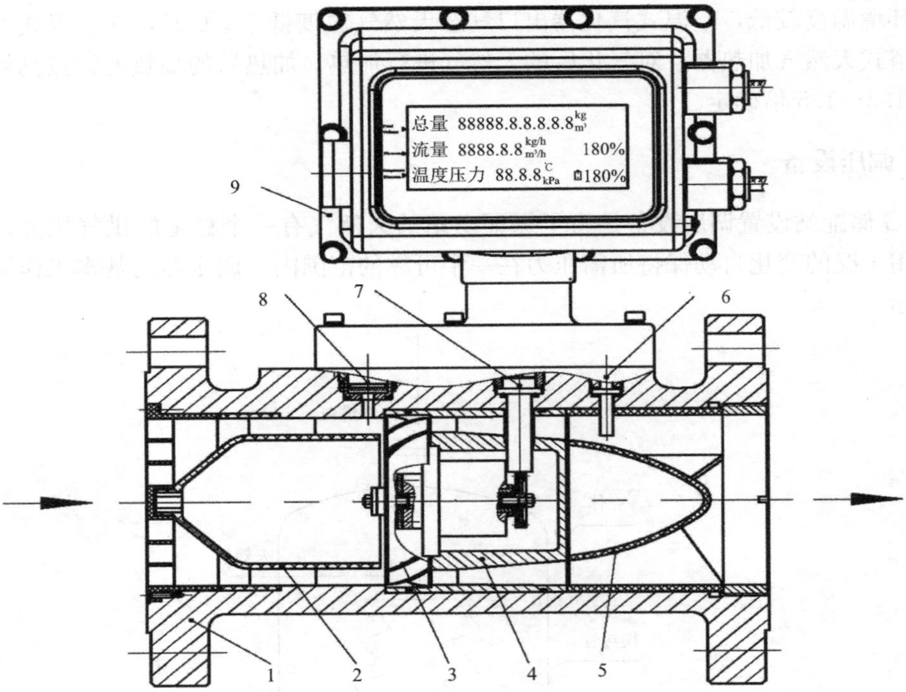

图 2-18 涡轮流量计的结构

1—壳体；2—前导流体；3—涡轮；4—计量表芯（含涡轮）；5—后导流体；
6—温度传感器；7—磁敏传感器；8—压力传感器；9—体积修正仪

图 2-19 涡轮流量计实物图

2.2.6 加臭设备

由于 LNG 气化后成为天然气，它无色、无味，当它作为城镇燃气时，必须具有可以察觉的气味，以保证安全，故必须进行加臭处理。

1. 加臭设备组成

加臭设备（装置）主要包括加臭剂储罐、加臭泵（一般为电磁驱动隔膜式柱塞泵）、加臭管线、加臭喷嘴、控制系统等。

2. 常用加臭工艺流程

LNG 储配站常用的天然气加臭工艺流程如图 2-20 所示。

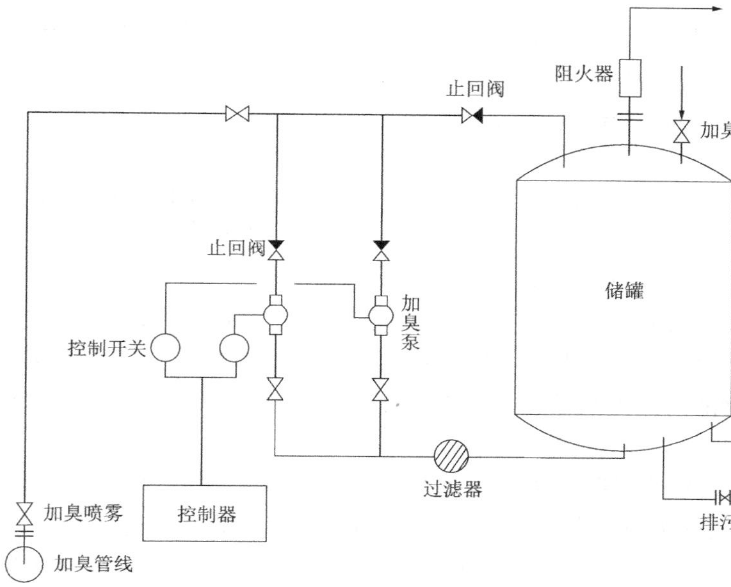

图 2-20 LNG 储配站天然气加臭工艺流程图

具体的加臭工艺过程为：采集天然气流量信号⟶控制器⟶电脉冲信号⟶储罐内加臭剂吸出⟶加臭泵开启⟶加臭管线⟶加臭喷嘴⟶在天然气管道内天然气与加臭剂混合。

整个加臭过程应自动进行，加臭剂储罐、加臭泵、加臭管线、阀门等应采用不锈钢材质。加臭剂采用四氢噻吩，加臭以隔膜式计量泵为动力，根据流量信号将加臭剂注入天然气管道中。一般天然气的加臭装置由专业生产厂家撬装整体制作，其实物如图 2-21 所示。

图 2-21 天然气加臭装置实物图

2.2.7 工艺管道和阀门

工艺系统阀门应满足输送 LNG 的压力和流量要求，同时必须具备耐－196℃的低温性能。常用的 LNG 阀门主要有增压调节阀、减压调节阀、紧急切断阀、低温截止阀、安全阀、止回阀等。阀门材质为 0Cr18Ni9。

管材、管件、法兰选型遵照以下原则：

（1）介质温度≤－20℃的管道采用输送流体用不锈钢无缝钢管，材质为 0Cr18Ni9。管件均采用材质为 0Crl8Ni9 的无缝冲压管件。法兰采用凹凸面长颈对焊钢制管法兰，其材质为 0Cr18Ni9。法兰密封垫片采用金属缠绕式垫片，材质为 0Cr18Ni9。紧固件采用专用双头螺柱、螺母，材质为 0Crl8Ni9。

（2）介质温度＞－20℃的工艺管道，当公称直径≤200mm 时，采用输送流体用无缝钢管，材质为 20 号钢；当公称直径＞200mm 时，采用焊接钢管，材质为 Q235B。管件均采用材质为 20 号钢的无缝冲压管件。法兰采用凸面带颈对焊钢制管法兰，材质为 20 号钢。法兰密封垫片采用柔性石墨复合垫片。

LNG 工艺管道安装除必要的法兰连接外，均采用焊接连接。低温工艺管道用聚氨酯绝热管托和复合聚乙烯绝热管壳进行绝热。碳素钢工艺管道作防腐处理。

LNG 储配站中不论卸（装）车、储存还是气化，其工艺过程均离不开 LNG 这种低温介质，而沟通上述工艺过程的是工艺管道。

该工艺管道必须耐低温。这种管道的材质通常为 0Cr18Ni9，设计温度为－196℃。应用 0Cr18Ni9 管道的管段主要有：卸车液相、气相管道及 BOG 回收管道；储罐进液（上进液、下进液）管道、出液管道，以及增压器进液管道、出气管道、BOG 泄放管道；空温式汽化器进液管道、水浴式汽化器单独进液管道；放空气体加热器、BOG 加热器进气管道等。

除 0Cr18Ni9 的不锈钢低温管道外，其余工艺管道选用普通碳钢管道，一般为 20 号碳钢管道，与其连接的弯头、三通、大小头、法兰等也应同管道材质一致。

LNG 储配站中所选用的阀门按形式主要包括截止阀、球阀、紧急切断阀、增压调节阀、降压调节阀、安全阀、止回阀等，按材质主要包括不锈钢低温阀门和碳钢常温阀门。

2.2.8 压力控制系统

压力控制系统即储配站出口到用户前的自动调压系统。如图 2-22 所示。

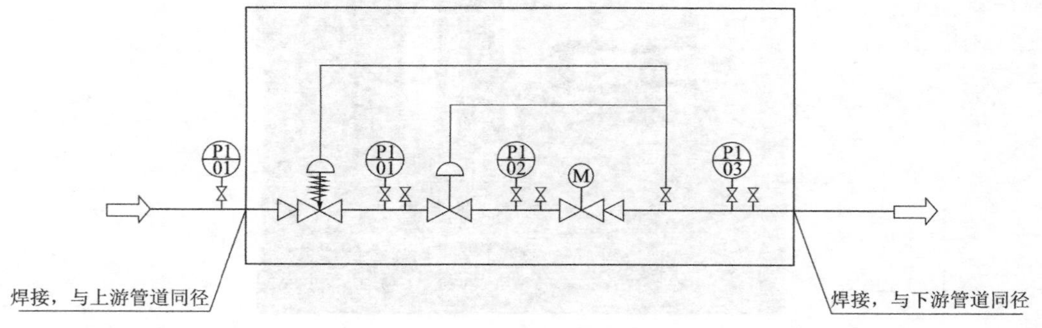

图 2-22　压力控制系统工艺流程图

其主要部件技术性能说明如下：

1. 安全切断阀

型号：GIPS-H；

压力等级：CLASS 600；

工作温度范围：－40～＋50℃；

尺寸：*DN*200；

阀座直径：等于管道直径；

材质：

主体：铸钢、碳钢；

开关装置：铸铝；

测量单元：锻造铝合金内部元件采用铝、不锈钢、铜、碳钢；弹簧采用不锈钢；

切断精度：≤±1％（AG1）；

超压切断响应时间：≤1s；

设定压力允许偏差：≤±2.5％；

弹簧动作响应时间：≤1s。

安全切断阀的工作原理：从调压器下游（出口）管道上取出信号压力，并将该信号压力与设定压力进行比较，当下游气体压力超过安全切断阀的设定压力时，安全切断阀会迅速关闭。

2. 监控调压阀

型号：HORUS；

公称直径：*DN*150；

压力等级：CLASS 600；

工作温度范围：－40～＋50℃；

材料选用：

主阀体：碳钢；

主阀：碳钢、铝、铜；

阀杆：不锈钢；

皮膜：氟橡胶；

密封：氟橡胶；

调压精度等级：≥AC1；

最小工作压差：$\triangle P=0.05\sim0.1$MPa；

出口关闭压力：小于出口压力的1.05倍；

调节范围：在最大流通能力的2％～100％之间；

调节特性：等百分比，流量特性按100％特性设计；

噪声：≤85dB（A）。

调压器的工作原理为自力式，即依靠管道气体自身的压力对气体介质进行压力调节，无须外部压力源。

3. 电动调节阀

型号：ET；

压力等级：CLASS 600；
工作温度范围：－40～＋50℃；
材料选用：
主阀体：碳钢；
主阀：碳钢、不锈钢；
阀杆：316 SST；
密封：PEEK/PTFE；
调压精度等级：≥AC1；
最小工作压差：$\triangle P$＝0.05～0.1MPa；
出口关闭压力：小于出口压力的1.05倍；
调节范围：在最大流通能力的2%～100%之间；
调节特性：等百分比，流量特性按100%特性设计；
噪声：≤85dB（A）；
电动执行机构：电动执行机构与球阀的连接符合有关规定；电动执行机构为防爆型；绝缘等级为F级；
电源：380V/3/50Hz；
启闭时间：≤50s；
空载噪声：≤80dB（A）。

2.2.9 PSA制氮系统与液氮及气化系统

1. PSA制氮系统
压力：≥0.55MPa；
流量：≥250Nm^3/h；
氮气纯度：≥99.5%（无氧含量）；
氧含量：≤0.5%；
露点：≤－70℃。
2. 液氮及气化系统
压力：≥0.55MPa；
气化能力：≥700Nm^3/h。

液氮及气化系统为首次开车置换提供氮气。在正常运行中，液氮气化系统或PSA制氮系统提供液化循环补充氮气和液化冷箱以及子母罐的氮封用气。

2.2.10 仪表空气系统

仪表空气系统包括空压机和干燥器等。它的作用是对空气进行压缩和干燥处理，给气动阀提供动力，实现集中化、自动化控制。

压力：≥0.6MPa；
流量：≥200Nm^3/h；
露点：≤－40℃；
质量：无油、无尘。

2.2.11 放散系统

放散系统用于将装置中开停车、尾气、不平衡废气及紧急事故状态下的气体放空；放散系统由气液分离器（V-1101）、阻火器（D-1101）、放散塔组成。

2.2.12 BOG缓冲罐

对于调峰型LNG气化站，为了回收非调峰期接卸槽车的余气和储罐中的BOG，或对于天然气混气站为了均匀混气，常在BOG加热器的出口增设BOG缓冲罐，其容量按回收槽车余气量设置。

2.3 液化天然气储配站储存设备设施设计规范

2.3.1 储存设备设计规范

1. LNG储罐、泵和汽化器

（1）LNG加液与加气站、加油加气合建站内LNG储罐的设计，应符合下列规定：

1）储罐设计应符合国家现行标准《压力容器》GB/T 150—2011、《固定式真空绝热深冷压力容器》GB/T 18442—2011和《固定式压力容器安全技术监察规程》TSG 21—2016的有关规定。

2）储罐内筒的设计温度不应高于－196℃，设计压力应符合下列公式的规定：

①当 $P_w < 0.9\text{MPa}$ 时：

$$P_d \geqslant P_w + 0.18\text{MPa} \tag{2-1}$$

②当 $P_w \geqslant 0.9\text{MPa}$ 时：

$$P_d \geqslant 1.2P_w \tag{2-2}$$

式中 P_w——设备最大工作压力，MPa；

P_d——设计压力，MPa。

3）内罐与外罐之间应设绝热层，绝热层应与LNG和天然气相适应，并应为不燃材料。外罐外部着火时，绝热层的绝热性能不应明显降低。

（2）在城市中心区内，各类LNG加气站及加油加气合建站，应采用埋地LNG储罐、地下LNG储罐或半地下LNG储罐。

（3）地上LNG储罐等设备的设置，应符合下列规定：

1）LNG储罐之间的净距不应小于相邻较大罐直径的1/2，且不应小于2m。

2）LNG储罐组四周应设防护堤，堤内的有效容量不应小于其中1个最大LNG储罐的容量。防护堤内地面应至少低于周边地面0.1m，防护堤顶面应至少高出堤内地面0.8m，且应至少高出堤外地面0.4m。防护堤内堤脚线至LNG储罐外壁的净距不应小于2m。防护堤应采用不燃烧实体材料建造，应能承受所容纳液体的静压及温度变化的影响，且不应渗漏。防护堤的雨水排放口应有封堵措施。

3）防护堤内不应设置其他可燃液体储罐、CNG储气瓶组或储气井。非明火汽化器和LNG泵可设置在防护堤内。

（4）地下或半地下 LNG 储罐的设置，应符合下列规定：

1）储罐宜采用卧式储罐。

2）储罐应安装在罐池中。罐池应为不燃烧实体防护结构，应能承受所容纳液体的静压及温度变化的影响，且不应渗漏。

3）储罐外壁距罐池内壁的距离不应小于 1m，同池内储罐的间距不应小于 1.5m。

4）罐池深度大于或等于 2m 时，池壁顶应至少高出罐池外地面 1m。

5）半地下 LNG 储罐的池壁顶应至少高出罐顶 0.2m。

6）储罐应采取抗浮措施。

7）罐池上方可设置开敞式的罩棚。

（5）储罐基础的耐火极限不应低于 3h。

（6）LNG 储罐阀门的设置应符合下列规定：

1）储罐应设置全启封闭式安全阀，且不应少于 2 个，其中 1 个备用。安全阀的设置应符合现行行业标准《固定式压力容器安全技术监察规程》TSG 21—2016 的有关规定。

2）安全阀与储罐之间应设切断阀，切断阀在正常操作时应处于铅封开启状态。

3）与 LNG 储罐连接的 LNG 管道应设置可远程操作的紧急切断阀。

4）与 LNG 储罐气相空间相连的管道上应设置可远程控制的放散控制阀。

5）LNG 储罐液相管道根部阀门与储罐的连接应采用焊接，阀体材质应与管道材质相适应。

（7）LNG 储罐的仪表设置应符合下列规定：

1）LNG 储罐应设置液位计和高液位报警器。高液位报警器应与进液管道紧急切断阀连锁。

2）LNG 储罐最高液位以上部位应设置压力表。

3）在内罐与外罐之间应设置检测环形空间绝对压力的仪器或检测接口。

4）液位计、压力表应能就地指示，并应将检测信号传送至控制室集中显示。

（8）充装 LNG 汽车系统使用的潜液泵宜安装在泵池内。LNG 潜液泵罐的管路系统和附属设备的设置应符合下列规定：

1）LNG 储罐底部（外壁）与潜液泵罐顶部（外壁）的高差，应满足 LNG 潜液泵的性能要求。

2）潜液泵罐的回气管道宜与 LNG 储罐的气相管道接通。

3）潜液泵罐应设置温度和压力检测仪表。温度和压力检测仪表应能就地指示，并应将检测信号传送至控制室集中显示。

4）在泵出口管道上应设置全启封闭式安全阀和紧急切断阀。泵出口宜设置止回阀。

（9）L-CNG 系统采用柱塞泵输送 LNG 时，柱塞泵的设置应符合下列规定：

1）柱塞泵的设置应满足泵吸入压头要求。

2）泵的进、出口管道上应设置防振装置。

3）在泵出口管道上应设置止回阀和全启封闭式安全阀。

4）在泵出口管道上应设置温度和压力检测仪表。温度和压力检测仪表应能就地指示，并应将检测信号传送至控制室集中显示。

5）应采取防噪声措施。

（10）汽化器的设置应符合下列规定：

1）汽化器的选用应符合当地冬季气温条件下的使用要求。

2）汽化器的设计压力不应小于最大工作压力的 1.2 倍。

3）高压汽化器出口气体温度不应低于 5℃。

4）高压汽化器出口应设置温度计。

2. LNG 卸车

（1）连接槽车的液相管道上应设置紧急切断阀和止回阀，气相管道上宜设置切断阀。

（2）LNG 卸车软管应采用奥氏体不锈钢波纹软管，其公称压力不得小于装卸系统工作压力的 2 倍，其最小爆破压力不应小于公称压力的 4 倍。

3. LNG 加液区

（1）LNG 加液机不得设置在室内。

（2）LNG 加液机应符合下列规定：

1）加液系统的充装压力不应大于汽车车载瓶的最大工作压力。

2）加液机计量误差不宜大于 1.5%。

3）加液机加气软管应设安全拉断阀，安全拉断阀的脱离拉力宜为 400～600N。

4）软管的长度不应大于 6m。

（3）在 LNG 加液岛上宜配置氮气管吹扫接头，其最小爆破压力不应小于公称压力的 4 倍。

（4）LNG 加气机附近应设置防撞（柱）栏，其高度不应小于 0.5m。

4. LNG 管道系统

（1）LNG 管道和低温气相管道的设计应符合下列规定：

1）管道系统的设计压力不应小于最大工作压力的 1.2 倍，且不应小于所连接设备（或容器）的设计压力与静压力之和。

2）管道的设计温度不应高于－196℃。

3）管道和管件的材质应采用低温不锈钢。管道应符合现行国家标准《流体输送用不锈钢无缝钢管》GB/T 14976—2012 的有关规定，管件应符合现行国家标准《钢制对焊无缝管件》GB/T 12459—2005 的有关规定。

（2）阀门的选用应符合现行国家标准《低温阀门技术条件》GB/T 24925—2010 的有关规定。紧急切断阀的选用应符合现行国家标准《低温介质用紧急切断阀》GB/T 24918—2010 的有关规定。

（3）远程控制的阀门均应具有手动操作功能。

（4）低温管道所采用的绝热保冷材料应为防潮性能良好的不燃材料。低温管道绝热工程应符合现行国家标准《工业设备及管道绝热工程设计规范》GB 50264—2013 的有关规定。

（5）LNG 管道的两个切断阀之间应设置安全阀或其他泄压装置，泄压排放的气体应接入放散管。

（6）LNG 设备和管道的天然气放散应符合下列规定：

1）加液站内应设集中放散管。LNG 储罐的放散管应接入集中放散管，其他设备和管道的放散管宜接入集中放散管。

2）放散管管口应高出LNG储罐及以管口为中心半径12m范围内的建（构）筑物2m及以上，且距地面不应小于5m。放散管管口不宜设雨罩等影响放散气流垂直向上运动的装置。放散管底部应有排污措施。

3）低温天然气应经加热器加热后放散，放散天然气的温度不宜低于－107℃。

2.3.2 消防设施及给水排水

1. 灭火器材配置

加液站工艺设备应配置灭火器材，并应符合下列规定：

（1）每2台加液机应配置不少于2具4kg的手提式干粉灭火器，加液机不足2台时应按2台配置。

（2）地上LNG储罐、地下和半地下LNG储罐、CNG储气设施，应配置2台不小于35kg的推车式干粉灭火器。当两种介质储罐之间的距离超过15m时，应分别配置。

（3）地下LNG储罐应配置1台不小于35kg的推车式干粉灭火器。

（4）LNG泵、压缩机操作间（棚），应按建筑面积每$50m^2$配置不少于2具4kg的手提式干粉灭火器。

（5）其余建筑的灭火器配置，应符合现行国家标准《建筑灭火器配置设计规范》GB 50140—2005的有关规定。

2. 消防给水

（1）加液站与LNG加气站合建应设置消防给水系统。

（2）设置有地上LNG储罐的一、二级LNG加液站应设消防给水系统，但符合下列条件之一时可不设消防给水系统：

1）LNG加气站位于市政消火栓保护半径150m以内，且能满足一级站供水量不小于20L/s或二级站供水量不小于15L/s时；

2）LNG储罐之间的净距不小于4m，且在LNG储罐之间设置耐火极限不低于3h的钢筋混凝土防火隔墙。防火隔墙顶部高于LNG储罐顶部，长度至两侧防护堤，厚度不小于200mm。

（3）三级LNG加液站及采用埋地、地下和半地下LNG储罐的各级LNG加气站，可不设消防给水系统。

（4）消防给水应利用城市或企业已建的消防给水系统。当无消防给水系统可利用时，应自建消防给水系统。

（5）LNG设施的消防给水管道可与站内的生产、生活给水管道合并设置，消防水量应按固定式冷却水量和移动水量之和计算。

（6）设置有地上LNG储罐的各类LNG加气站及加油加气合建站的消防给水设计，应符合下列规定：

1）一级站消火栓消防用水量不应小于20L/s，二级站消火栓消防用水量不应小于15L/s。

2）连续给水时间不应少于2h。

（7）消防水泵宜设2台。当设2台消防水泵时，可不设备用泵。当计算消防用水量超过35L/s时，消防水泵应设双动力源。

(8) 固定式消防喷淋冷却水系统的喷头出口处给水压力不应小于 0.2MPa。移动式消防水枪出口处给水压力不应小于 0.2MPa，并应采用多功能水枪。

2.3.3 电气、报警和紧急切断系统

1. 供配电

(1) 加液站的供电负荷等级可为三级，信息系统应设不间断供电电源。

(2) LNG 储配站宜采用电压为 6kV/10kV 的外接电源。

(3) 加液站和场站的消防泵房、罩棚、营业室、压缩机间等处，均应设事故照明。

(4) 当引用外电源有困难时，可设置小型内燃发电机组。内燃机的排烟管口，应安装阻火器。排烟管口至各爆炸危险区域边界的水平距离，应符合下列规定：

1) 排烟口高出地面 4.5m 以下时，不应小于 5m。

2) 排烟口高出地面 4.5m 及以上时，不应小于 3m。

(5) 加液站的电力线路宜采用电缆并直埋敷设。电缆穿越行车道部分，应穿钢管保护。

(6) 爆炸危险区域内的电气设备选型、安装、电力线路敷设等，应符合现行国家标准《爆炸危险环境电力装置设计规范》GB 50058—2014 的有关规定。

(7) 站内爆炸危险区域以外的照明灯具，可选用非防爆型。罩棚下处于非爆炸危险区域的灯具，应选用防护等级不低于 IP44 级的照明灯具。

2. 防雷、防静电

(1) LNG 储罐和 BOG 储气罐组必须进行防雷接地，接地点不应少于两处。

(2) 加油加气站的电气接地应符合下列规定：

1) 防雷接地、防静电接地、电气设备的工作接地和保护接地及信息系统的接地等，宜共用接地装置，其接地电阻应按其中接地电阻值要求最小的接地电阻值确定。

2) 当各自单独设置接地装置时，LNG 储罐和 BOG 储气罐组的防雷接地装置的接地电阻、配线电缆金属外皮两端和保护钢管两端的接地装置的接地电阻，不应大于 10Ω；电气系统的工作接地和保护接地电阻不应大于 4Ω，LNG 管道始、末端和分支处的接地装置的接地电阻，不应大于 30Ω。

(3) 埋地 LNG 储罐以及非金属油罐顶部的金属部件和罐内的各金属部件，应与非埋地部分的工艺金属管道相互作电气连接并接地。

(4) 加液站内的放散管在接入全站共用接地装置后，可不单独作防雷接地。

(5) 加液站内的站房和罩棚等建筑物需要防直击雷时，应采用避雷带（网）保护。当罩棚采用金属屋面时，其顶面单层金属板厚度大于 0.5mm、搭接长度大于 100mm，且下面无易燃的吊顶材料时，可不采用避雷带（网）保护。

(6) 加液站的信息系统应采用铠装电缆或导线穿钢管配线。配线电缆金属外皮两端、保护钢管两端均应接地。

(7) 加液站信息系统的配电线路首、末端与电子器件连接时，应装设与电子器件耐压水平相适应的过电压（电涌）保护器。

(8) 380V/220V 供配电系统宜采用 TN—S 系统，当外供电源为 380V 时，可采用 TN—C—S 系统。供电系统的电缆金属外皮或电缆金属保护管两端均应接地，在供配电系

统的电源端应安装与设备耐压水平相适应的过电压（电涌）保护器。

（9）地上或管沟敷设的LNG管道，应设防静电和防感应雷的共用接地装置，其接地电阻不应大于30Ω。

（10）LNG罐车卸车场地应设卸车或卸气时用的防静电接地装置，并应设置能检测跨接线及监视接地装置状态的静电接地仪。

（11）在爆炸危险区域内工艺管道上的法兰、胶管两端等连接处，应用金属线跨接。当法兰的连接螺栓不少于5根时，在非腐蚀环境下可不跨接。

（12）LNG罐车卸液用的软管、BOG回收软管与两端快速接头，应保证可靠的电气连接。

（13）采用导静电的热塑性塑料管道时，导电内衬应接地；采用不导静电的热塑性塑料管道时，不埋地部分的热熔连接件应保证长期可靠的接地，也可采用专用的密封帽将连接管件的电熔插孔密封，管道或接头的其他导电部件也应接地。

（14）防静电接地装置的接地电阻不应大于100Ω。

3. 报警系统

（1）加液站及合建站应设置可燃气体检测报警系统。

（2）LNG设备的场所、罩棚下，应设置可燃气体检测器。

（3）可燃气体检测器一级报警设定值应小于或等于可燃气体爆炸下限的25%。

（4）LNG储罐应设置液位上限、下限报警装置和压力上限报警装置。

（5）报警器宜集中设置在控制室或值班室内。

（6）报警系统应配有不间断电源。

（7）可燃气体检测器和报警器的选用和安装，应符合现行国家标准《石油化工可燃气体和有毒气体检测报警设计规范》GB 50493—2009的有关规定。

（8）LNG泵应设超温、超压自动停泵保护装置。

4. 紧急切断系统

（1）加液站应设置紧急切断系统，该系统应能在事故状态下迅速切断LNG泵和关闭重要的LNG管道阀门。紧急切断系统应具有失效保护功能。

（2）LNG泵的电源和加气站管道上的紧急切断阀，应能由手动启动的远程控制切断系统操纵关闭。

（3）紧急切断系统应至少在下列位置设置启动开关：

1）距加气站卸车点5m以内。

2）在加油加气现场工作人员容易接近的位置。

3）在控制室或值班室内。

（4）紧急切断系统应只能手动复位。

2.3.4 采暖通风、建（构）筑物

1. 采暖通风

（1）加液站内的各类房间应根据场站环境、生产工艺特点和运行管理需要进行采暖设计，如表2-2所示。

采暖房间的室内计算温度 表 2-2

房间名称	采暖室内计算温度（℃）
营业室、仪表控制室、办公室、值班休息室	18
浴室、更衣室	25
卫生间	12
调压器间、可燃液体泵房、发电间	12
消防器材间	5

（2）加液站的采暖宜利用城市、小区或邻近单位的热源。无利用条件时，可在加液站内设置锅炉房。

（3）设置在站房内的热水锅炉房（间），应符合下列规定：

1）锅炉宜选用额定供热量不大于 140kW 的小型锅炉。

2）当采用燃煤锅炉时，宜选用具有除尘功能的自然通风型锅炉。锅炉烟囱出口应高出屋顶 2m 及以上，且应采取防止火星外逸的有效措施。

3）当采用燃气热水器采暖时，热水器应设有排烟系统和熄火保护等安全装置。

（4）加液站内，爆炸危险区域内的房间或箱体应采取通风措施，并应符合下列规定：

1）采用强制通风时，通风设备的通风能力在工艺设备工作期间应按每小时换气 12 次计算，在工艺设备非工作期间应按每小时换气 5 次计算。通风设备应防爆并应与可燃气体浓度报警器连锁。

2）采用自然通风时，通风口总面积不应小于 $300cm^2/m^2$（地面），通风口不应少于 2 个，且应靠近可燃气体积聚的部位设置。

（5）加液站室内外采暖管道宜直埋敷设，当采用管沟敷设时，管沟应充沙填实，进出建筑物处应采取隔断措施。

2. 建（构）筑物

（1）加液作业区内的站房及其他附属建筑物的耐火等级不应低于二级。当罩棚顶棚的承重构件为钢结构时，其耐火极限可为 0.25h，顶棚其他部分不得采用燃烧体建造。

（2）加液场地宜设罩棚，罩棚的设计应符合下列规定：

1）罩棚应采用不燃烧材料建造；

2）进站口无限高措施时，罩棚的净空高度不应小于 4.5m；进站口有限高措施时，罩棚的净空高度不应小于限高高度。

3）罩棚遮盖加液机的平面投影距离不宜小于 2m。

4）罩棚设计应计及活荷载、雪荷载、风荷载，其设计标准值应符合现行国家标准《建筑结构荷载规范》GB 50009—2012 的有关规定。

5）罩棚的抗震设计应按现行国家标准《建筑抗震设计规范》GB 50011—2010（2016 年版）的有关规定执行。

6）设置于 LNG 设备上方的罩棚，应采用避免天然气积聚的结构形式。

（3）加液岛的设计应符合下列规定：

1）加液岛应高出停车位的地坪 0.15～0.2m。

2）加液岛两端的宽度不应小于 1.2m。

3）加液岛上的罩棚立柱边缘距岛端部不应小于0.6m。

（4）布置有可燃液体或可燃气体设备的建筑物的门、窗应向外开启，并应按现行国家标准《建筑设计防火规范》GB 50016—2014的有关规定采取泄压措施。

（5）布置LNG设备的房间的地坪应采用不发生火花地面。

（6）站区屋面应采用不燃烧轻质材料建造。

（7）加液站内的工艺设备，不宜布置在封闭的房间或箱体内；工艺设备需要布置在封闭的房间或箱体内时，房间或箱体内应设置可燃气体检测报警器和强制通风设备。

（8）罐区与值班室、仪表间相邻时，值班室、仪表间的门窗应位于爆炸危险区范围之外，且与压缩机间的中间隔墙应为无门窗洞口的防火墙。

（9）站房可由办公室、值班室、营业室、控制室、变配电间、卫生间组成。

（10）站房的一部分位于加液作业区内时，该站房的建筑面积不宜超过300m^2，且该站房内不得有明火设备。

（11）辅助服务区内建筑物的面积不应超过三类保护物标准，其消防设计应符合现行国家标准《建筑设计防火规范》GB 50016—2014的有关规定。

（12）站房可与设置在辅助服务区内的餐厅、汽车服务、锅炉房、厨房、员工宿舍、司机休息室等设施合建，但站房与餐厅、汽车服务、锅炉房、厨房、员工宿舍、司机休息室等设施之间应设置无门窗洞口且耐火极限不低于3h的实体墙。

（13）站房可设在站外民用建筑物内或与站外民用建筑物合建，并应符合下列规定：

1）站房与民用建筑物之间不得有连接通道。

2）站房应单独开设通向加液站的出入口。

3）民用建筑物不得有直接通向加液站的出入口。

（14）当加油加气站内的锅炉房、厨房等有明火设备的房间与工艺设备之间的距离小于或等于25m时，其朝向加液作业区的外墙应为无门窗洞口且耐火极限不低于3.0h的实体墙。

（15）加液站内不应建地下和半地下室。

（16）位于爆炸危险区域内的操作井、排水井，应采取防渗漏和防火花发生的措施。

2.4 液化天然气储罐结构形式

2.4.1 LNG储罐分类

1. 按储罐的容量分类

（1）小型储罐：容量5～50m^3。常用于民用燃气气化站、LNG汽车加注站等场合。

（2）中型储罐：容量50～100m^3。常用于卫星式液化装置、工业燃气气化站等场合。

（3）大型储罐：容量100～40000m^3，其中容量100～10000m^3。常用于小型LNG生产装置；容量10000～40000m^3常用于基本负荷型和调峰型液化装置。

（4）特大型储槽：容量40000～200000m^3。常用于LNG接收站。

2. 按围护结构的隔热分类

（1）真空粉末隔热。常见于小型LNG储罐。

（2）正压堆积隔热。广泛应用于大中型 LNG 储罐和储槽。

（3）高真空多层隔热。很少采用，限用于小型 LNG 储罐。

3. 按储罐（槽）的形状分类

（1）球形罐。一般用于中小容量的储罐，但有些工程的大型 LNG 储槽也采用球形罐。

（2）圆柱形罐（槽）。广泛用于各种容量的储罐和储槽。

4. 按储罐（槽）的材料分类

（1）双金属。内罐和外壳均采用金属材料。一般内罐采用耐低温的不锈钢或铝合金。

（2）预应力混凝土型。指大型储槽采用预应力混凝土外壳，而内筒采用耐低温的金属材料。

5. 按储罐（槽）的围护结构分类

（1）单围护系统。单围护系统的特点是储槽只有一个流体力学承载层，所以必须在储槽周围预留出一块安全空间。

（2）双围护系统。内外罐体都是低温材料，储槽具有两个流体力学承载层。此类储槽无需另外预留空间。

（3）全封闭围护系统。其特点是：内外罐体都是低温材料；储槽具有两个流体力学承载层；外罐还应加上附加的内压和外压安全承载；此类储槽无需另外预留空间。

LNG 储存是 LNG 工业链中的重要一环。LNG 储罐虽然只是 LNG 工业链中的一种单元设备，但是由于它不仅是连接上游生产和下游用户的重要设备，而且大型储罐对于液化工厂或接收站来说，占有很高的投资比例，因而世界各国都非常重视大型 LNG 储罐的设计和建造。随着全球范围天然气利用的不断增长和储罐建造技术的发展，LNG 储罐大型化的趋势越发明显，单罐容量 $20\times10^4m^3$ 储罐的建造技术已经成熟，最大的地下储罐已达到 $20\times10^4m^3$ 容量；燃气行业管辖的 LNG 卫星站（调峰站），一般使用小于 $10000m^3$ 的中小型常压储罐或带压储罐。

由于 LNG 具有可燃性和超低温性（−162℃），因而对 LNG 储罐有很高的要求。储罐在常压下储存 LNG，罐内压力一般为 3.4～30kPa，储罐的日蒸发量一般要求控制在 0.04%～0.2%。为了安全目的，储罐必须防止泄漏。

2.4.2 LNG 储罐形式

低温常压液化天然气储罐按设置方式及结构形式可分为：地下储罐和地上储罐。地下储罐主要有埋置式和池内式；地上储罐有球形罐、单容罐、双容罐及全容罐，均为双层罐（即由内罐和外罐组成，在内外罐间充填有保冷材料）。

1. 地下储罐

如图 2-23 所示，除罐顶外，地下储罐内储存的 LNG 的最高液面在地面以下，罐体坐落在不透水稳定的地层上。为防止周围土壤冻结，在罐底和罐壁设置加热器。有的储罐周围留有 1m 厚的冻结土，以提高土壤的强度和水密性。

LNG 地下储罐采用圆柱形金属罐，外面有钢筋混凝土外罐，能承受自重、液压、地下水位、罐顶、温度、地震等载荷。内罐采用金属薄膜，紧贴在罐体内部，金属薄膜在 −162℃时具有液密性和气密性，能承受 LNG 进出时产生的液压、气压和温度的变动，同时还具有充分的疲劳强度，通常制成波纹状。

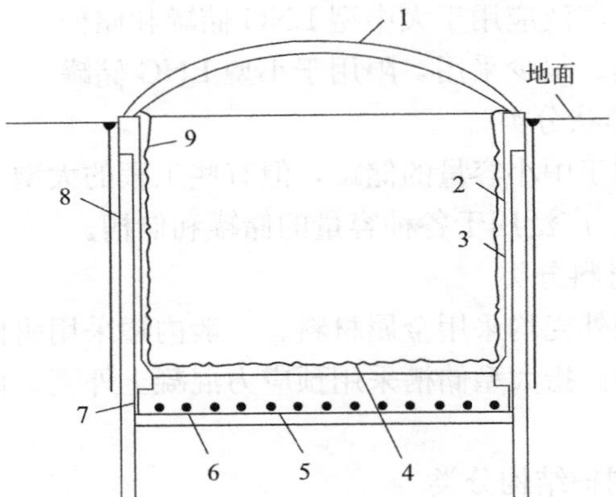

图 2-23　半地下式 LNG 储罐

1—罐顶；2—隔热层；3—侧壁；4—储罐底板；
5—砂砾层；6—底部加热器；7—砂浆层；
8—侧加热器；9—薄膜

日本川崎重工业公司为东京煤气公司建造了目前世界上最大的 LNG 地下储罐，其容量为 $14\times10^4m^3$，储罐直径 64m，高 60m，液面高度 44m，外壁为 3m 厚的钢筋混凝土，内衬 200mm 厚的聚氨酯泡沫隔热材料，内壁紧贴耐－162℃的川崎不锈钢薄膜，罐底为 7.4m 厚的钢筋混凝土。

地下储罐比地上储罐具有更好的抗震性和安全性，不易受到空中物体的碰击，不会受到风载的影响，也不会影响人员的视线，不会泄漏，安全性高。但是地下储罐的罐底应位于地下水位以上，事先需要进行详细的地质勘察，以确定是否可采用地下储罐这种形式。地下储罐的施工周期较长，投资较高。

2. 地上储罐

目前世界上应用最广泛的 LNG 储罐是金属材料地面圆柱形双层壁储罐。LNG 地上储罐分为以下五种形式：

(1) 单容罐

单容罐是常用的形式，它分为单壁罐和双壁罐（由内罐和外罐组成），出于安全和隔热考虑，单壁罐未在 LNG 中使用。双壁单容罐的外罐采用普通碳钢制成，它不能承受低温的 LNG，也不能承受低温的气体，主要起固定和保护隔热层的作用。单容罐一般适宜在远离人口密集区、不容易遭受灾害性破坏（例如火灾、爆炸和外来飞行物的碰击）的地区使用，由于它的结构特点，要求有较大的安全距离及占地面积。图 2-24 是单容罐结构示意图。其中，(*a*)、(*c*) 采用座底式基础，(*b*)、(*d*) 采用架空式基础。

单容罐的设计压力通常为 17～20kPa，操作压力一般为 12.5kPa。对于大直径的单容罐，设计压力相应较低，《低温平底圆筒形立式储罐设计规范》BS7777 规范中推荐这种储罐的设计压力小于 14kPa，当储罐直径为 70～80m 时已经难以达到，其最大操作压力大约在 12kPa。因设备操作压力较低，在卸船过程中蒸发气体不能返回到 LNG 船舱中，需增加一台返回气风机。较低的设计压力使蒸发气体的回收压缩系统需要较大的功率，将增大投资和操作费用。

单容罐的投资相对较低，施工周期较短；但易泄漏是它的一个较大问题，根据规范要求单容罐罐间安全防护距离较大，并需设置防火堤，从而增加占地及防火堤的投资。周围不能有其他重要的设备，因此对安全检测和操作的要求较高。由于单容罐的外罐是普通碳钢，需要严格地保护以防止外部的腐蚀，外部容器要求长期的检查和油漆。

由于单容罐的安全性较其他形式罐的安全性低，近年来在大型 LNG 生产厂及接收站已较少使用。

（2）双容罐

双容罐具有能耐低温的金属材料或混凝土的外罐，在内罐发生泄漏时，气体会发生外泄，但液体不会外泄，增强了外部的安全性，同时在外界发生危险时其外部的混凝土墙也有一定的保护作用，其安全性较单容罐高。根据规范要求，双容罐不需要设置防火堤但仍需要较大的安全防护距离。当事故发生时，LNG 罐中的气体被释放，但装置的控制仍然可以持续。图 2-25 是双容罐结构示意图。其中，（*a*）外罐采用金属材料；（*b*）外罐采用预应力混凝土，罐顶加吊顶（隔热）；（*c*）外罐采用钢筋混凝土并增加土质护堤，罐顶加吊顶（隔热）。

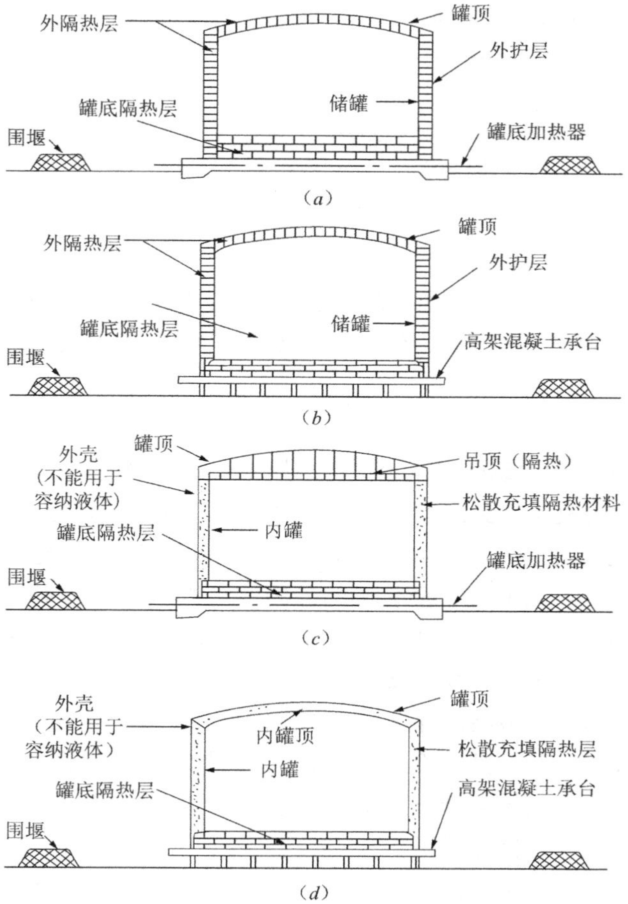

图 2-24　单容罐结构示意图

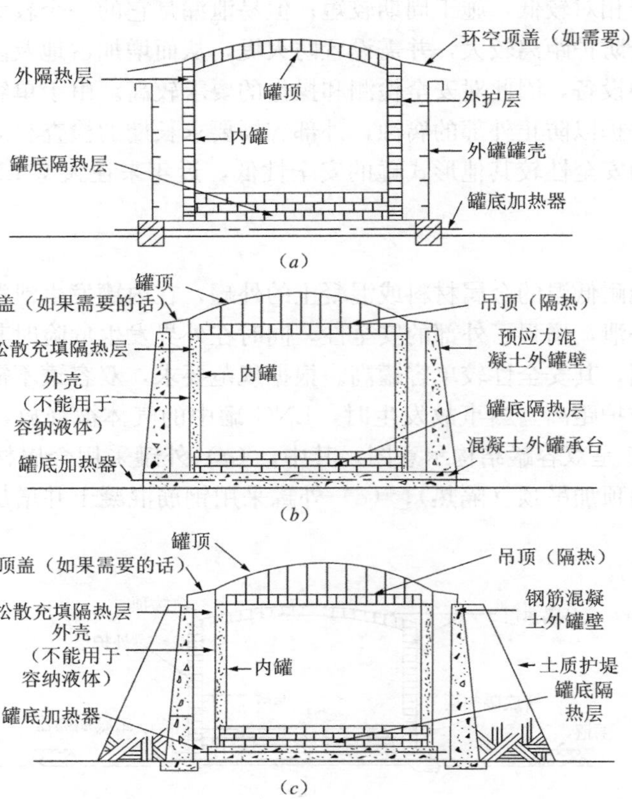

图 2-25　双容罐结构示意图

双容罐的设计压力与单容罐相同（均较低），也需要设置返回气风机。

双容罐的投资略高于单容罐，约为单容罐投资的 110%，其施工周期也较单容罐略长。

(3) 全容罐

图 2-26 是全容罐结构示意图。全容罐的结构采用 9Ni 钢内罐、9Ni 钢或混凝土外罐和顶盖、底板，外罐和混凝土墙到内罐的距离大约为 1～2m，允许罐里的 LNG 和气体向外罐泄漏，它可以避免火灾的发生。其设计最大压力为 30kPa，其允许的最大操作压力为 25kPa，设计最小温度为－165℃。全容罐的外罐体可以承受内罐泄漏的 LNG 及其气体，不会向外界泄漏。其安全防护距离也要小得多。一旦发生事故，对装置的控制和物料的输送仍然可以继续，这种状况可持续几周，直至设备停车。

当采用金属顶盖时，其最高设计压力与单壁储罐和双壁储罐的设计一样。当采用混凝土顶盖（内悬挂铝顶板）时，其安全性能增高，但投资也相应增加。因设计压力相对较高，在卸船时可利用罐内气体自身压力将蒸气返回 LNG 船，省去了蒸发气体（BOG）返回气风机的投资，并减少了操作费用。

全容罐具有混凝土外罐和罐顶，可以承受外来飞行物的攻击和热辐射，对于周围的火情具有良好的耐受性。另外，对于可能的液化天然气溢出，混凝土提供了良好的防护。低温冲击现象即使有也会限制在很小的区域内，通常不会影响储罐的整体密封性。

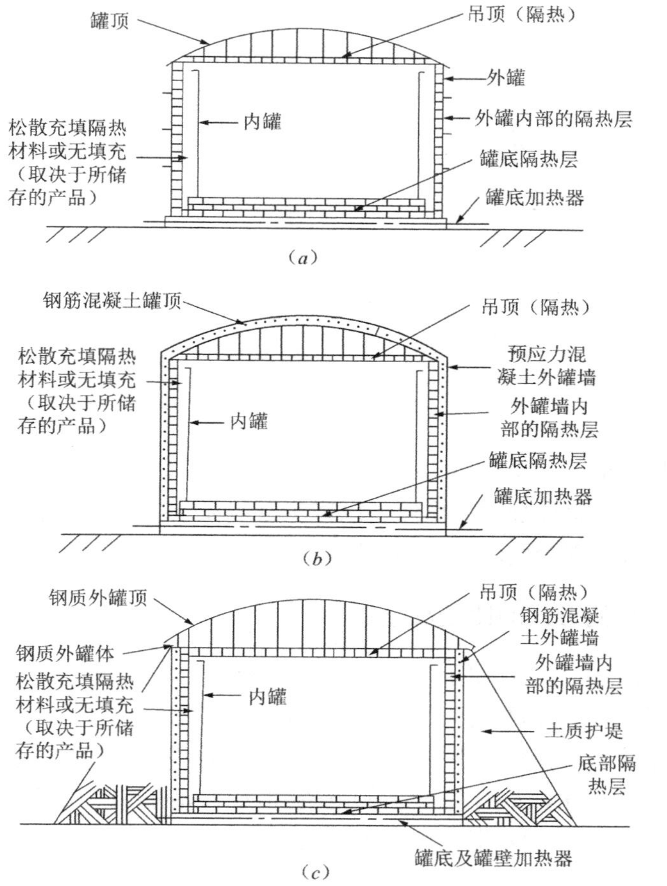

图 2-26　全容罐结构示意图

（4）膜式罐

膜式罐采用了不锈钢内膜和混凝土储罐外壁，对防火和安全距离的要求与全容罐相同。但与双容罐和全容罐相比，它只有一个罐体。膜式罐的操作灵活性比全容罐的大，因不锈钢内膜很薄，没有温度梯度的约束。膜式罐适用的规范可参照《液化天然气设备与安装》EN 1473。

（5）球形罐

LNG 球形罐（见图 2-27）的内外罐均为球形。工作状态下，内罐为内压容器，外罐为真空外压容器。夹层通常为真空粉末隔热层。球罐的内外球壳板在压力容器制造厂加工成形后，在安装现场组装。球壳板的成形需要专用设备，且现场安装难度大。

球形罐的优点是：在同样的体积下具有最小的表面积，因而所需的材料少，设备质量小；传热面积也最小，加之夹层可以抽真空，有利于最佳的隔热保温效果；内外壳体呈球形，具有最佳的耐压性能。但是球壳板的加工需要专用设备，精度要求高；现场组装技术难度大，质量不易保证；虽然球壳板的净质量最小，但成形材料利用率最低。

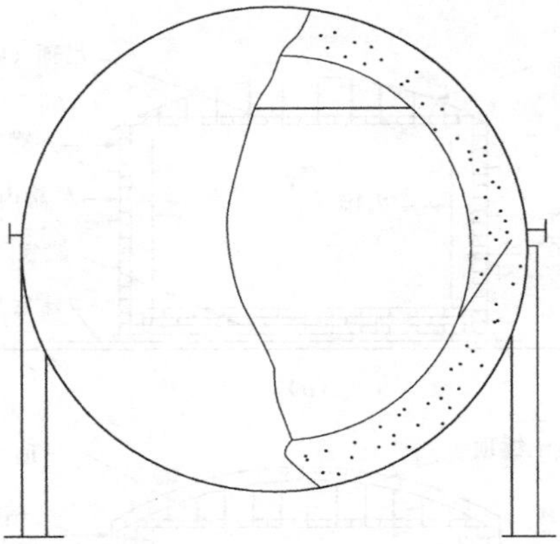

图 2-27　LNG 球形罐

球形罐的容积一般为 200～1500m³，工作压力为 0.2～1.0MPa。容积小于 200m³ 的球形罐尽可能在制造厂整体加工后出厂，以减少现场安装工作量。容积超过 1500m³ 的储罐，不宜采用球形罐，因为此时外罐的壁厚过大，制造困难。

2.4.3　LNG 储罐结构形式的比较及选择

LNG 储罐结构形式的选择要求安全可靠、投资低、寿命长、技术先进、结构有高度的完整性、便于制造，并且要求能使整个系统的操作费用低。

地下罐投资非常高，且交付周期长。除非有特殊的要求，设计一般不选用。

双容罐与全容罐相比，具有差不多的投资和交付周期，但双容罐安全水平较低，对 LNG 储罐的设计来说，比较陈旧，因此也不被选用。

单容罐显然有一个较低的投资，相对于其他罐型，节余的费用可用来增加其他设备和安全装置来保证安全性。

全容罐和膜式罐的投资与其他罐型相比稍高，但其安全性更好，它们是现在接收站普遍采用的罐型。另外，混凝土罐顶经常被认为能够提供额外的保护和具有工艺优势（较高的操作压力）。膜式地上罐理论上投资和交付周期较全容罐和地下罐是有优势的，但膜式罐的制造商很少。

单容罐、双容罐与全容罐相比罐本身的投资较低，建设周期较短；但是，因为单容罐、双容罐的设计压力和操作压力均较低，需要处理的 BOG 量相应增加较多，BOG 压缩机及冷凝器的处理能力也相应增加，卸料时 BOG 不能利用罐自身的压力返回输送船，必须配置返回气风机。因此，对于 LNG 罐及相应配套设备的总投资来说，单容罐、双容罐反而高于全容罐，其操作费用也大于全容罐。各种罐型的比较见表 2-3～表 2-5。

液化天然气储罐比较　　**表 2-3**

罐型	安全性	占地	技术可靠性	结构完整性	投资（罐及相关设备）	操作费用	施工周期（月）	施工难易程度	观感及信誉
单容罐	中	多	低	低	80%～85% 需配返回气风机	中	28～32	低	低

续表

罐型	安全性	占地	技术可靠性	结构完整性	投资（罐及相关设备）	操作费用	施工周期（月）	施工难易程度	观感及信誉
双容罐	中	中	中	中	95%～100% 需配返回气风机	中	30～34	中	中
全容罐	高	少	高	高	100% 不配返回气风机	低	32～36	中	高
膜式地上储罐	中	少	中	中	95% 需配返回气风机	低	30～34	高	中
膜式地下储罐	高	少	中	中	150%～180% 需配返回气风机	低	42～52	高	高

液化天然气储罐造价及建设周期比较 **表 2-4**

罐　型	造价	建设周期（月）
单容罐	80%～85%	28～32
双容罐	95%～100%	30～34
膜式罐	95%	30～34
全容罐	100%	32～36
地下罐	150%～180%	42～52
池内罐	170%～200%	48～60

注：造价系指罐容 $10\times10^4m^3$ 以上储罐，建设周期为罐容 $12\times10^4m^3$ 以上储罐。

不同罐型投资及运营费用比较 **表 2-5**

项　目		单容罐	双容罐	全容罐
投资费用	LNG 罐（4 台）费用	80%～85%	95%～100%	100%
	土地费	200%～250%	100%	100%
	场地平整费	150%～200%	100%	100%
	道路围墙费用	110%～120%	100%	100%
	管线管廊费用	100%～180%	100%	100%
	BOG 压缩及回气系统费用	250%～300%	250%～300%	100%
	总计费用	110%～120%	110%～120%	100%
运营费用		450%～500%	450%～500%	100%

近年来，为了更有效地利用土地资源，减少建造费用，LNG 储罐的单罐容量不断加大，而对储罐的安全性要求越来越高，罐的选型也逐渐转向安全性更高的全容罐及地下罐。1995—2008 年新增的 LNG 储罐共 120 台，其中全容罐共 77 台，占 64%，地下罐共 20 台，占 17%，见表 2-6。

1995—2008 年新建大型液化天然气储罐（台） **表 2-6**

LNG 储罐		建设位置		小 计
罐　型	结　构	液化厂	接收站	
单容罐	双金属壁，地上		18	18
膜式罐	膜式预应力混凝土罐，地上		4	4
全容罐	9Ni 钢内罐，预应力混凝土外罐，地上	29	48	77
全容罐	9Ni 钢内罐，预应力混凝土外罐，地上掩埋式	1		1
池内罐	9Ni 钢内罐，预应力混凝土外罐，地下池内		3	3
地下罐	9Ni 钢内罐，预应力混凝土外罐，地下		17	17
合计		30	90	120

2.4.4 LNG 储罐工艺压力的比较及其选择

目前，国内外常用的 LNG 低温储存有常压储存、子母罐带压储存及真空罐带压储存三种方式。采用哪种储存方式，主要取决于储存量的大小。

1. 真空罐

真空罐为双层金属罐，内罐为耐低温的不锈钢压力容器，外罐采用碳钢材料，夹层填充绝热材料，并抽真空。真空罐是在工厂制造试压完毕后整体运输到现场的。

LNG 总储存量在 1000m³ 以下时，一般采用多台真空罐集中储存，目前国内使用的真空罐单罐最大容积为 150m³。真空罐工艺流程比较简单，一般采用增压器给储罐增压，物料靠压力自流进入汽化器，不使用动力设备，能耗低，因此国内外的小型 LNG 气化站基本上全部采用真空罐。

2. 子母罐

子母罐的内罐是多个耐低温的不锈钢压力容器，外罐是一个大碳钢容器罩在多个内罐外面，内外罐之间也是填充绝热材料，夹层通入干燥氮气，以防止湿空气进入。子母罐的内罐在工厂制造，试压后运到现场，外罐在现场安装。如图 2-28、图 2-29 所示。

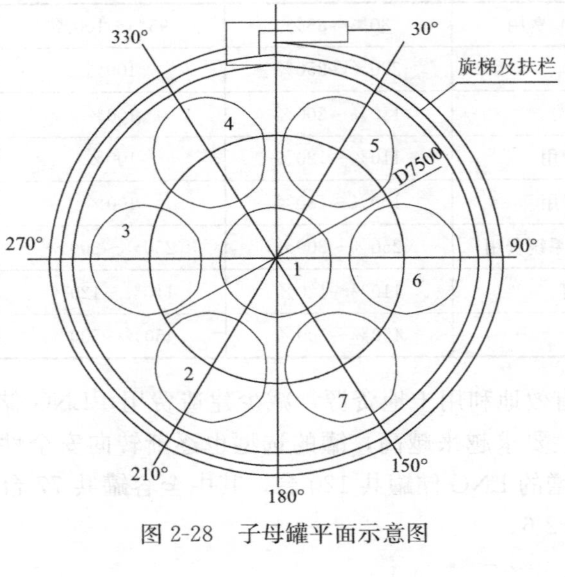

图 2-28　子母罐平面示意图

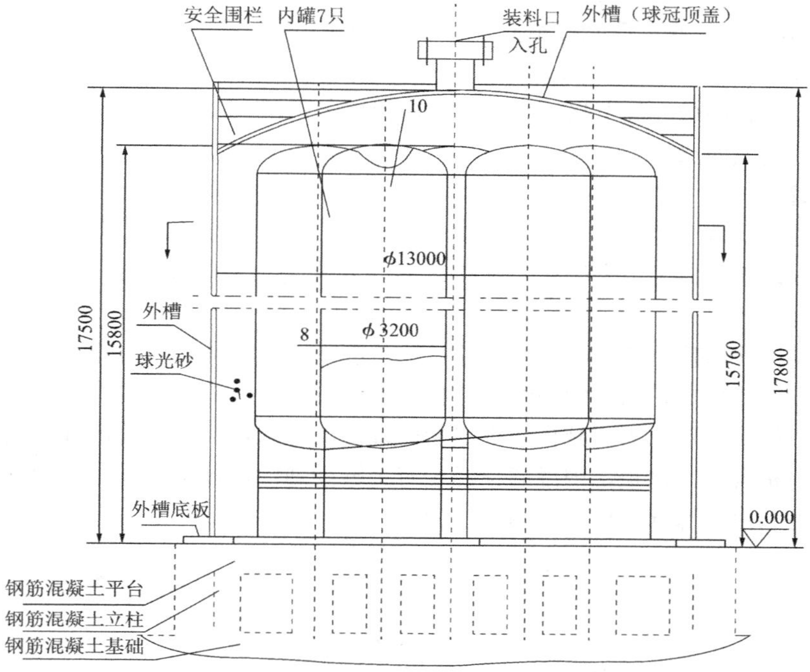

图 2-29　子母罐立面示意图

储存规模在 1000～5000m^3 的储配站，可以根据情况选用子母罐或常压罐储存。由于内罐的运输要求，目前国内单个子罐最大可以做到 250m^3，采用子母罐的气化工艺流程与真空罐大致相同，由于夹层需要通氮气，装置中多了一套液氮装置。

LNG 子母罐结构描述：

本子母罐内部设置 7 个子罐，单个子罐容积为 250m^3。每个子罐结构为立式、圆柱形，底部由支腿支撑。每个子罐储存容积为 250m^3，工作压力为 0.3MPa，设计压力为 0.55MPa，主体材质为 0Cr18Ni9；母罐为平底拱顶结构，材质为 16MnR。设置有旋梯通往罐顶，其材质为 Q235-A. F。

在子罐的下部、顶部及中下部（约 40%液位高度）设置可远传信号的测温点。

在母罐的底部和顶部各设置 7 个测温点。

子母罐设置有两套就地显示的液位指示系统，液位计采用 Barton ITT；设置有监控子罐压力及夹层密封氮气压力的就地指示系统。

子母罐设置有压力变送器及差压变送器，可将子罐压力、液位及夹层密封氮气压力远传至中控室。

子罐设置 *DN*100 双套安全阀，并配备三通切换阀，保证安全可靠及安全备用校验。

母罐设置 *DN*250 呼吸阀，*DN*500 紧急泄放装置。

子母罐设置有 *DN*100 的顶部进液和底部进液 2 条管线。顶部进液管线采用喷淋装置，以保证子罐均匀冷却，避免局部温差应力过大。

排液管线采用 *DN*150，其根部阀门采用进口阀门，可满足 LNG 排量需求。

子母罐设置有压力控制系统，将超压的 EAG 引入放空管线，同时并联手动放空阀。

夹层充干氮气保护，采用自力式调节阀控制（带旁通），保证夹层压力恒定。

母罐顶部设置了16个珠光砂填充口；顶部和侧面各设置了一个$DN900$的人孔；设置了6个珠光砂扒出口。

子母罐设置有两处导静电接地口，其冲击接地电阻不大于10Ω。子罐间、子罐与母罐间保证良好的电气通路。

3. 常压罐

常压罐的结构有双金属罐，还有外罐采用预应力混凝土结构的；有地上罐，还有地下罐，20000m^3以下的多为双金属罐。常压罐的内外罐均在现场安装制造，生产周期较长，实景如图2-30所示。

LNG低温常压储罐的操作压力为15kPa，操作温度为－162℃，为平底双壁圆柱形。其罐体由内外两层构成，两层间为绝热结构，为保冷层。内罐用于储存液化天然气，而外壳则起保护、保冷作用。为了减少外部热量向罐内的传入，所设计的内外罐是各自分离并独立的。罐顶是自立式拱顶，内罐罐顶必须有足够的强度及稳定性以承受由保冷材料等引起的外部压力和由内部气体产生的内部压力。

图2-30　常压罐实景图

储罐采用珠光砂为保冷材料，并充入干燥的氮气，保证夹层具有微正压，绝热材料与大气隔离，避免了大气压力或温度变化的影响以及湿空气进入内、外罐间保冷层，延长了保冷材料的使用寿命，有效保证和提高了保冷材料的使用效果。在设计和制造绝热结构时，必须注意采用防潮措施。

通过技术经济比较，低温常压储罐方案的一次性投资低于子母罐方案，但运行费用远高于子母罐方案。

虽然低温常压储罐方案的一次性投资低，但方案中存在以下问题：

（1）低温常压储罐更适用于液化厂和接收终端站

通常在液化厂和接收终端站均采用低温常压储罐，这是由于接收终端站内的LNG储罐容积均很大（单罐容积大于5万m^3），其他形式的储罐无法做到，接收的液体由LNG

槽船运来，LNG槽船上的储罐也是低温常压形式，压力变化不大。而且在接收终端站内设有BOG冷凝装置，可以将BOG再变成LNG。

液化厂内由于有液化手段，储存期间产生的BOG可以变成再生气进行液化，故采用低温常压储罐时，其BOG蒸发量的多少对其影响不大。

而一般气站使用的LNG均由汽车槽车运来，槽车中的LNG均带有压力，卸入到低温常压罐中会发生气化现象，产生大量BOG气体。而且由于BOG为常压气体，因此BOG压缩机的投资和运行费用高。LNG泵的运行费用亦增加。

(2) 低温常压储罐系统复杂

低温常压储罐既要考虑储罐的超压问题，又要考虑储罐的抽空（形成负压）问题，需要有补气措施，所以储罐上要设有多个进口的低温调节阀、呼吸阀等。储罐顶部还要设自动干粉灭火系统、起吊装置。

由于低温常压储罐一般工作压力为15kPa，为维持此压力，储罐的压力调节阀需要经常开启，BOG气体回收到液化工段或排放至站内火炬燃烧掉。

(3) 需要设置LNG泵，对LNG泵要求高

由于低温常压储罐储存的液体不带压力，为满足LNG泵的净正吸入压头，储罐的基础（高架式基础）要提高。而且为防止发生气蚀，LNG泵的进液管要考虑采用真空保冷管。

(4) 施工周期长，检修较为困难

常压罐的内、外罐均在现场安装制造，生产周期较长。如果储罐发生故障，需要全部停产检修。

(5) 低温常压储罐更需要考虑分层和沸腾问题

若气站使用的LNG气源不同，则气体组分不同，需要考虑分层和沸腾问题，一旦发生此问题，与子母罐相比，问题要严重得多。

三种LNG储罐的比较见表2-7。

三种LNG储罐比较 **表2-7**

技术性能	常压罐		带压子母罐		真空罐
	内罐	外罐	单个子罐	母罐	
储存介质	LNG	珠光砂+N_2	LNG	珠光砂+N_2	珠光砂+真空
主体材质	0Cr18Ni9	16MnR	0Cr18Ni9	16MnR	0Cr18Ni9/16MnR
工作压力	<15kPa	—	0.6MPa	—	0.6MPa
设计温度	−196～+40℃	−19～+50℃	−196～+40℃	−19～+50℃	−196～+40℃
设计制造标准	NB/T 47003.1—2009		GB 150—2011		GB 18442—2011
安装过程	车间加工板料，全部现场安装		车间加工内罐，现场安装外罐		车间加工储罐，现场安装
制造安装周期	6～7个月		5～6个月		3个月
BOG压缩机	需要		不需要		不需要
LNG泵	需要		不需要		不需要

续表

技术性能	常压罐		带压子母罐		真空罐
	内罐	外罐	单个子罐	母罐	
运行特点	优点： 储罐一次投资省 缺点： 1. 储罐自身无压，出液须设LNG泵，且要求泵的NPSH尽可能小，泵的安装高度高，增加了LNG泵的运行维护工作量和电耗； 2. LNG来源为槽车，卸车过程中，储罐内大量BOG需减压释放，且日常储存过程中产生的BOG均需经过压缩机加压后才能送入管网中，增加了BOG压缩机的运行维护工作量和电耗； 3. 占地面积大，根据规范要求，低温常压罐距围堰和围堰距站区围墙的距离比压力罐要大许多； 4. 运行管理复杂，对阀门的要求高		优点： 1. 可利用储罐自身压力排液，不需要设置LNG泵； 2. 由于是压力罐，储罐BOG回收量相对较大，并可利用压力直接经减压输送到中压管网； 3. LNG来源主要为槽车和集装箱，均带压，卸车过程中产生的BOG量相对较少； 4. 占地面积比立式真空罐小，当储罐总容积超过约1500m³时，投资更低 缺点： 1. 储罐一次投资比低温常压罐高； 2. 如果只设置一个储罐，无法分期实施，而且，一旦储罐有故障（罐内没有分组），将造成停气		优点： 1. 可利用储罐自身压力排液，要求LNG泵的NPSH要小，泵的安装高度要低； 2. 由于是压力罐，储罐BOG回收量相对较大，并可利用压力直接经减压输送到中压管网； 3. LNG来源主要为槽车和集装箱，均带压，卸车过程中产生的BOG量相对较少； 4. 适宜分期建设； 5. 不考虑相邻罐，消防水池和水泵均较小 缺点： 储罐一次投资比低温常压罐高

3　液化天然气储配站日常储运操作

1. LNG 储运操作指导总则

严格执行 LNG 装置的工艺操作纪律，做好 LNG 装置工艺、设备及相关工艺管线巡检和日常维护工作，特别是加强高压设备、动力设备、LNG 罐区的检查，严格执行交接班制度，做好数据的原始记录。确保装置“安、稳、长、满、优”运行。

（1）每小时巡回检查一次，检查本装置所有设备、仪表、电气是否处于正常运行状态或备用状态。

（2）随时注意 LNG 储配装置各项工艺参数，严格控制工艺指标。工艺指标偏离时，及时处理调整。

（3）对于所有的温度、压力指示及记录仪表以及气体分析仪器，各设备的液位都必须连续地进行监控；定期检查机泵的油系统和冷却设备的冷却情况。

（4）自动调节器出现故障时，及时改到手动操作，并通知仪表工对自动调节器进行检修。

（5）装置调节阀堵塞时，现场开旁路控制操作，并及时对调节阀进行检修或更换，若是过滤器堵塞，则联系维修人员清理过滤器。

（6）系统发出声光报警后，看清报警点立即做出相应的处理。

（7）运行泵出现故障时，切换至备用泵，并联系维修人员对故障泵进行检修。

2. 储运工操作前必要的确认

（1）检查储罐系统的就地和远传仪表，应投用并处于完好状态。

（2）检查各控制阀，应处于完好状态。

（3）检查各手阀，应灵活好用。

（4）各安全阀、压力表的根部阀应打开并且在检验期内。

（5）确认放空阀打开，确保放空管线畅通。

（6）检查仪表风系统是否工作正常。

（7）自控系统均已接入控制室，测试完好，全部投用。

（8）消防设施是否到位。

（9）可燃气体报警器工作是否正常。

（10）熟悉工艺操作参数（储运工必须熟知本场站各设备设施的工艺流程及技术参数）。

1）以 100m^3 为例的 LNG 储罐工艺技术参数见表 3-1（仅供参考）。

LNG储罐工艺技术参数 表3-1

序号	技术参数	单位	内筒	外筒	备注
1	有效容积	m^3	100	—	充满率85%
2	直径	mm		3000	以实物为准
3	高度	mm			以实物为准
4	充装介质		LNG	珠光砂（夹层）	
5	主体材质		0Cr18Ni9	16MnR	
6	设计温度	℃	−196	20	
7	工作压力	MPa	0.5	−0.1	
8	蒸发率		≤0.1%/d	—	
9	设备空重	kg			以实物为准

2）以300Nm³/h为例的汽化器技术参数见表3-2。

汽化器技术参数 表3-2

序号	技术参数	单位	数量	备注
1	进口介质			LNG/NG
2	出口介质			NG
3	气化能力	Nm³/h	300	
4	工作压力	MPa	1.0	
5	环境温度	℃		
6	设计温度	℃	−196	
7	进口温度	℃	≥−162	
8	出口温度	℃	≥环境温度−10℃	
9	进口口径	mm	*DN*50	
10	出口口径	mm	*DN*50	
11	主体材质	—	LF21	
12	安装形式	—	立式、支腿、室外	

3.1 LNG槽车卸车操作规程

卸车操作应严格遵循以下规定：

（1）LNG储罐液位≤85%。

（2）LNG储罐工作压力≤0.8MPa。

（3）LNG槽车与LNG储罐的压差不宜超过0.2MPa。

（4）避免不同产地、不同气源的LNG储罐同时进液。

（5）检查 LNG 槽车卸车台及储罐区域内的压力表、液位计、温度计、可燃气体检测器和安全阀是否处于正常工作状态。

（6）检查进液管线阀门及降压管线阀门是否处于开启状态，其他阀门是否处于关闭状态。

（7）LNG 槽车就位，接好接地线，安装 LNG 槽车装卸软管，即 LNG 槽车液相管道与 LNG 管线连接，气相管道与 BOG 管线连接。

（8）LNG 槽车压力应控制在 0.6～0.75MPa，LNG 槽车压力低于 0.6MPa 时，应开启 LNG 槽车自增压系统进行升压。

（9）打开储罐顶部进液阀，用 LNG 槽车内的 LNG 蒸气置换和预冷储罐的进液管道。

（10）缓慢开启 LNG 槽车下部进、出液阀，并严格控制其开度，向 LNG 储罐输入 LNG，即采用顶部进液的方式进行充装。

（11）当 LNG 储罐液位达到预计充装量的 1/3 时，采用顶部和底部同时进液的方式进行充装，现场根据储罐充液速度来确定 LNG 槽车下部进、出液阀的开度。

（12）当 LNG 槽车与 LNG 储罐的压差小于 0.1MPa 时，打开阀门给 LNG 储罐降压，使 LNG 槽车与 LNG 储罐之间的压差保持在 0.2MPa。

（13）LNG 槽车内的 LNG 卸完后（槽车液位显示为零），关闭 LNG 槽车下部进、出液阀，打开 LNG 槽车上部进液阀，用 LNG 槽车内的 LNG 蒸气将 LNG 槽车软管、LNG 储罐进液管道里的 LNG 吹扫至储罐。

（14）当 LNG 储罐进液管道里的 LNG 吹扫完毕后，关闭 LNG 槽车上部进液阀及卸车台进液阀。

（15）打开放散阀，将 LNG 槽车卸车软管内的 LNG 蒸气放空。

（16）待卸车软管内的 LNG 蒸气放散完毕后，关闭放散阀，将 LNG 槽车装卸软管拆下，拆除接地线，待 LNG 槽车驶离卸车台后将软管法兰口堵好，放回软管架上。

（17）安全注意事项：

1）在缓慢增压过程中，检查槽车连接部分是否有泄漏部位，根据泄漏部位情况进行紧固。

2）卸液人员必须穿防静电工作服、戴护目镜和橡胶手套，以防止冻伤。

3）卸车时，卸车区至罐区的操作由站内操作员进行，槽车至卸车台的操作由槽车押运员进行。

4）站内有动火作业时，不得卸液。

5）遇雷雨天气时，不得卸液。

6）站内有泄漏时，不得卸液。

7）站内有其他不安全因素时，不得卸液。

8）槽车无安全保护设施（防火帽、接地线）不得进入站区。

9）卸车期间，不得移动车辆、维护保养车辆。

10）卸液期间，必须有人职守巡查，并做好卸液记录。

11）为控制储罐内液体分层、翻滚，可选择适当的进液方式。当槽车内 LNG 的温度低于储罐内 LNG 的温度时，应采用上进液方式，反之采用下进液方式。当二者温度相差不大时，可以采用任意进液方式。

12）开启阀门要缓慢进行，刚开始阀门开启不宜过大，管道遇冷完毕后再全部打开。

13）卸车过程中随时观测槽车压力，压力降低不宜过快，保持槽车压力在0.5MPa以上，当槽车液位低于50%时，对槽车进行二次增压，保证压力在0.5MPa以上，然后继续卸车直到卸车完毕（可根据实际情况选择边增压边卸车）。

14）拆除卸液软管时注意管头朝地，防止有残余低温气体喷出伤人。

3.2 LNG销售操作规程

（1）点击控制面板上“加气模式”进入加气程序。

（2）引导加气车辆正确停靠，连接加气机与汽车的静电接地线，查看车载瓶压力，判断是否需要降压。

（3）如果需要降压，连接加气机与车载瓶的回气软管，打开车载瓶放空阀，开始降压。

（4）车载瓶放空到压力设定值后，关闭车载瓶放空阀。

（5）将加气枪与车载瓶充装口连接，按下“启动”按钮。

（6）LNG通过储罐出液气动阀GV1从LNG储罐底部流出进入LNG泵泵池内，LNG泵达到预冷设定温度后启动，输送LNG进入质量流量计，经阀GV3、GV5、V28、根部阀V10流回到LNG储罐内，从而实现LNG加气系统的预冷。

（7）加气机预冷结束后系统自动关闭循环气动阀GV3、GV5，打开加液气动阀GV4或GV6，开始对车载瓶加气。

（8）符合下列条件之一时，加液过程结束：1）按下现场“停止”按钮；2）达到预设金额；3）车载瓶充满。

（9）收起加液软管和回气软管，取下静电接地线。

（10）读取控制面板上的加气量和售气金额。

（11）加气结束，回到停机待用状态，等待下一辆车。

3.3 LNG储罐倒罐操作规程

（1）开启出液罐自增压系统，将储罐增压至0.7～0.8MPa，开启出液罐BOG系统调压器旁通阀，将储罐泄压至0.35～0.38MPa，也可以开启手动放空管线阀门泄压（限量）。

（2）确认卸车液相线阀门关闭，打开出液罐和进液罐底部进液阀，LNG开始倒罐，操作中注意两罐压力、液位变化。

（3）倒罐完成后，关闭出液罐和进液罐底部进液阀，打开卸车液相线旁通阀及卸车气相放散线阀门，将LNG-101和BOG-101线导通泄压（经BOG泄压）。

（4）泄压完成后关闭相应的阀门。

（5）一般情况下，储罐内应保持少量LNG（观察液位显示、罐保持冷态）。

3.4 火炬点火操作规程

小型LNG储配站一般设高空放散管放散，大型LNG储配站火炬点火一般设置四种方式：远程遥控高空点火、远程遥控传火管点火、就地高空点火、就地传火管点火。

1. 远程遥控高空点火

(1) 在站控室，确认远程控制柜电源已开启并将点火方式打到远程位置。

(2) 确认工艺区自用气撬传火管手动球阀已经打开。

(3) 在控制柜上按下1号电磁阀按钮（该按钮具有开、关两个指示状态）。

(4) 在控制柜上按下高空点火开关，按下点火开关的持续时间不能超过10s。

(5) 观察高空点火火检1、2号温度指示有明显上升，否则继续按高空点火开关及检查现场阀门状态。

(6) 打开现场放空阀，火焰建立，根据工艺要求掌握放空阀开度，控制火焰大小。

(7) 再次按下1号电磁阀按钮，复位关闭1号电磁阀。

(8) 现场关闭自用气撬传火管手动球阀。

2. 远程遥控传火管点火

(1) 在站控室，确认远程控制柜电源已开启并将点火方式打到远程位置。

(2) 确认工艺区自用气撬传火管手动球阀已经打开。

(3) 在控制盘上按下2号电磁阀按钮。

(4) 在控制盘上按下外传燃点火开关，每次按下点火开关的持续时间不能超过10s。

(5) 在控制盘上按下3号电磁阀按钮。

(6) 观察外传燃火检温度指示有明显上升，否则继续按外传燃点火开关及检查现场阀门状态。

(7) 打开现场放空阀，火焰建立，根据工艺要求掌握放空阀开度，控制火焰大小。

(8) 再次按下2、3号电磁阀按钮，复位关闭2、3号电磁阀。

(9) 现场关闭自用气撬传火管手动球阀。

3. 就地高空点火

(1) 在站控室的远程控制柜上将点火方式打到就地状态。

(2) 确认工艺区自用气撬传火管手动球阀已经打开。

(3) 在现场控制盘上按下1号电磁阀按钮（该按钮具有开、关两个指示状态）。

(4) 在现场按下高空点火开关，每次按下点火开关的持续时间不能超过10s。

(5) 通过观察引火筒火检1、2号指示灯判断火焰是否建立，否则继续按高空点火开关及检查现场阀门状态。

(6) 打开现场放空阀，火焰建立，根据工艺要求掌握放空阀开度，控制火焰大小。

(7) 再次按下1号电磁阀按钮，复位关闭1号电磁阀。

(8) 现场关闭自用气撬传火管手动球阀。

4. 就地传火管点火

(1) 在站控室的控制盘上将点火方式打到就地状态。

(2) 确认工艺区自用气撬传火管手动球阀已经打开。

（3）在现场控制盘上按下2号电磁阀按钮（该按钮具有开、关两个指示状态）。

（4）在现场控制盘上按下外传燃点火开关。

（5）在现场控制盘上按下3号电磁阀按钮。

（6）通过观察外传燃火检指示灯判断火焰是否建立，否则继续按外传燃点火开关及检查现场阀门状态。

（7）打开现场放空阀，火焰建立，根据工艺要求掌握放空阀开度，控制火焰大小。

（8）再次按下2、3号电磁阀按钮，复位关闭2、3号电磁阀。

（9）现场关闭自用气撬传火管手动球阀。

5. 点火操作中应巡回检查的主要内容

（1）应对操作管段上下游压力、压力变化速率等有关参数进行监视，确保控制在合理范围之内。

（2）应加强现场的可燃气体检测，发现泄漏，立即启动相应的应急预案。

（3）应加强对工艺管线与设备振动和噪声的监测，如发现异常需及时调整阀门开度，使其控制在合理范围之内。

（4）放空管周围50m范围内不得有车辆和行人；100m（顺风向200m）范围内不得有明火。

3.5 LNG汽化操作规程

（1）依次打开空温式汽化器进液阀、LNG罐出液阀，导通LNG气化流程，储罐内LNG经LNG-203管线进入汽化器E301a～E301b/E304a～E304b换热。

（2）A路经汽化器，天然气进入NG-301管线至主调压器；B路经汽化器，天然气进入NG-303管线至主调压器。

（3）A路调压至0.25～0.35MPa经计量、加药（加臭）后出站，B路经二次调压至8～12kPa、加臭后出站。

（4）关闭LNG气化系统时应先关闭LNG罐出液阀，确认LNG-203管线无液体时关闭空温式汽化器进、出口阀门。

（5）气态天然气出站温度低于－10℃（可调整）时，可增加工艺管道及仪表流程图上已预留的水浴式电加热汽化器。

3.6 储罐自增压汽化器操作规程

（1）确认出液管道上安全阀的根部阀门处于开启状态。

（2）根据大气温度选择送气方式。

1）大气温度高于10℃时选择“夏季运行”方式，用空温式汽化器气化输气，并确认空温式汽化器进、出阀门处于开启状态。

2）大气温度低于10℃时选择“冬季运行”方式，空温式汽化器与水浴式汽化器并用，确认空温式汽化器与水浴式汽化器进、出口阀门处于开启状态。

3）确定出液罐，打开储罐出液阀和出液管紧急切断阀，打开空温式汽化器进口紧急切断阀及进液阀，向空温式汽化器输气。

4）LNG 经空温式汽化器或水浴式汽化器气化后，只有成为常温天然气后才能向常温管网供气。

5）LNG 储罐压力低于 0.4MPa 时，增压阀开启，LNG 经储罐自增压汽化器将 LNG 气化并返回至 LNG 储罐，给储罐增压，储罐压力高于 0.6～0.7MPa 时增压阀关闭。

6）运行过程中要及时检查设备及工艺管线，当有异常情况时应立即处理。

3.7 储罐调压操作规程

（1）BOG 管线进入出站总管前设置放散阀、627 型调压器，放散阀出口压力 0.6～0.7MPa，调压器设定出口压力 0.35～0.38MPa，工作温度－10～50℃。

（2）设置 A 路主调压器双路，入口 P_1＝0.4～0.8MPa，出口 P_2＝0.25～0.35MPa，Q＝600Nm^3/h；另设 B 路调压器双路，一次调压入口 P_1＝0.4～0.8MPa，出口 P_1＝0.1～0.12MPa，二次调压入口 P_1＝0.1～0.12MPa，出口 P_1＝8～12kPa。

（3）调压器设定后无需经常调节，必要时做微量调整。

（4）调压器组旁通开启，应监控操作。

3.8 BOG 系统操作规程

（1）LNG 储罐压力超过 0.7～0.8MPa 时，手动开启 BOG 加热器后端调压器，经气相管线进入管网。

（2）也可打开 BOG 加热器后端调压器旁通阀，将 BOG 排出至 NG-302 线。

（3）紧急情况下，超压可以打开罐区的手动放空管线阀门，就地将 BOG 放空卸压（限量）。

（4）NG-302 管线上的放散型调压器调整气态 NG 压力至 0.35～0.38MPa 后进入总管出站。

（5）装卸液、灌瓶、倒罐管线中余液可进入 BOG 系统，经 BOG 加热器 E-302 调压、稳压后出站，防止管路中液态膨胀。

3.9 发电机操作规程

（1）操作人员必须是专业电工或在有专业电工监督的情况下可由其他人员操作。

（2）首先，检查油罐柴油储量，阀门是否打开；水箱是否加满水；机油油位是否符合标准规定；蓄电池电压是否达到要求；电源输出开关是否断开；各接触部件是否有松动处。以上工作做完后才能启动发电机。

（3）启动

1）打开电源开关，按下预供油按钮不放手至油压表启动，如果油压表不能启动应检查原因，否则不能进行下一步操作。

2）按下启动按钮，启动发电机。如果 10s 启动不成功应停止 2min 后再启动，若连续三次启动不成功应立即停止，检查原因，排除故障后再启动。启动成功后，调节调速器使转速达到750r/min左右，热机3～5min后再调节调速器使转速达到1500r/min左右，频率达到50Hz、电压达到400V后，检查三相电压是否平衡、各种仪表工作是否正常后，合上电源输出开关对外送电。

（4）运行中巡视

发电机在运行过程中，要每小时巡视一次，由电工负责记录柴油机温度、水位、电压、油位、通风散热系统等数据是否正常。如有异常情况，在非紧急的情况下应先通知用电设备停机，然后再停车。

（5）停车

1）断开电源输出开关卸下负载，然后按下调速器按钮使电机减速，运行3～5min后，按下停止按钮至电机完全停止才能放手，以防电机再次启动。

2）关闭电源开关、油箱阀门，检查各接触部件是否有松动处，并做好运行记录。

（6）紧急停车

如果在运行过程中出现严重故障或异常情况应紧急停车，先断开电源输出开关，然后拉紧高压油泵急停车手柄至柴油机完全停止。并及时向领导汇报。

（7）注意事项

1）发电机运行时必须有专业人员看守。

2）任何情况下发电机都不能带负载启动和停车，以防过热烧毁发电机。

3.10 消防泵操作规程

1. 启泵前的检查

(1) 先检查消防水池水位是否达到规定水位，如果水位不够及时补充。

(2) 检查泵的进出口阀门是否处于开启状态、旁通阀是否处于关闭状态。

(3) 手动盘车，确认是否运转灵活及连接处是否牢固。

(4) 合上电源开关，检查电压是否稳定，三相是否平衡。

2. 启泵（根据需要启动水泵数量）

(1) 启动消防泵后，观察电机运转是否正常，仪表读数是否正常，确认各接口处无漏水现象。

(2) 观察水压是否过低，若低于标准则启动增压水泵。

3. 停泵

(1) 开启旁通阀，切断电源。

(2) 填写好运行记录。

3.11 加臭机操作规程

1. 加臭技术操作规程

(1) 空气—燃气中的臭味“应能察觉”：即嗅觉能力一般的正常人，在空气—燃气混合物臭味强度达到2级时，应能察觉空气中存在燃气。

(2) 采用四氢噻吩（THT）作为加臭剂。当空气中的四氢噻吩（THT）为 $0.08mg/m^3$时，可达到臭味强度2级的报警浓度。

(3) 当天然气泄漏到空气中，达到爆炸极限的20%时（即1%时），应能察觉，相当于在天然气中应加入 $8mg/m^3$ 的四氢噻吩（THT）。

(4) 考虑管道长度、材质、腐蚀情况和天然气成分等因素，取理论值的2～3倍，即加臭剂用量不小于 $20mg/m^3$。

(5) 应定期检查加臭机内加臭剂的储量。

(6) 控制系统及各项参数正常。

(7) 加臭泵的润滑油油位应符合运行规定。

(8) 加臭装置应无泄漏。

(9) 加臭装置应定期进行清洗、校验。

2. 开机

(1) 打开加臭压缩机进、出口阀门。关闭加臭机出口阀门。打开自回流阀门。检查加臭压缩机油位。

(2) 在控制室打开加臭系统，选择A或B压缩机，点击电脑开机按钮。现场打开相应的A或B压缩机防爆电源开关。加臭压缩机启动。

(3) 观察自回流情况。加臭压缩机转动有无异常，浮子是否跳动。

(4) 若自回流无异常，则关闭自回流阀门。打开加臭机出口阀门。完成开机操作。

3. 关机

(1) 如无特殊需要，关机时可直接在控制室加臭机电脑控制系统上关闭加臭机。

(2) 加臭量的调整

1) 在正常加臭条件下，关闭玻璃液位计下部的三通阀。

2) 计算每次压缩时液位下降的多少来确定单次加臭量。液位计每一小格刻度代表500mg四氢噻吩。

3) 调节加臭压缩机流量调整旋钮，直至达到所需的单次加臭量。

4) 调整加臭机电脑控制系统的加臭频率，计算每分钟加臭压缩机的压缩次数。

5) 通过每分钟加臭压缩机的压缩次数和单次加臭量，计算加臭系统的加臭量。

6) 根据燃气流量决定开机时间长短，完成加臭量的调整。

4. 补充四氢噻吩

(1) 当加臭机四氢噻吩储罐液位计为100mm时，应补充四氢噻吩。

(2) 加臭机应停机。打开四氢噻吩储罐的补液阀门。

(3) 将导管一端插入四氢噻吩储罐，另一端插入四氢噻吩桶。将氮气瓶的氮气减压后导入四氢噻吩桶，利用氮气压力，将四氢噻吩补充至四氢噻吩储罐。

(4) 当四氢噻吩储罐液位达到2/3时，停止补充四氢噻吩。

(5) 取出导管。关闭四氢噻吩储罐的补液阀门。四氢噻吩桶、氮气瓶运回库房。记录补液情况，完成补充四氢噻吩的操作。

3.12 LNG离心泵操作规程

1. 启泵前的准备工作

(1) 穿戴好劳动保护用品，准备好工具、用具。

(2) 检查储罐液位，液位应不低于2m。

(3) 检查电气设备、开关、启动按钮和仪表是否灵活好用，是否准确可靠。

(4) 检查机泵各部位紧固螺丝有无松动、缺损。

(5) 预冷泵组，温降每分钟小于10℃。

(6) 盘泵的联轴器3～5圈，转动灵活自如，无杂音和卡阻。

(7) 检查各压力表检定合格证是否在有效期内；用手轻敲表壳，看指针有无弹性摆动，检查指针是否灵活好用。

(8) 检查泵出口阀门是否灵活好用，并关闭出口阀门，做好启动控制准备。

(9) 关闭泵前过滤器排污阀，打开泵进口阀，打开泵出口放空阀，待排净泵内气体后关闭。

(10) 检查泵周围有无妨碍启泵操作的物品。

(11) 检查电动机、配电系统配备是否齐全及安全可靠，供电系统电压是否正常。待上述工作检查无误后，准备启泵。

2. 启动

(1) 戴上绝缘手套，合上空气开关，按启动按钮。

(2) 当泵达到正常转速后，再逐渐打开泵出口阀门。在泵出口阀门关闭的情况下，泵连续工作的时间不能超过2～3min。

(3) 当设备报警无法启动时，应及时查明原因，排除故障，不可盲目强行启动。

3. 运行

(1) 检查电流、电压、进出口压力、润滑油油位是否正常，如果发现异常情况，应及时处理。

(2) 检查各部分温度是否正常，各轴温度不得超过60℃，电动机温度不得超过80℃，润滑油温度不得超过65℃，盘根盒温度不得超过65℃。

(3) 检查机泵声音及振动是否正常，盘根松紧合适，不过热、不冒烟、不甩液。

(4) 泵运行正常后，清理现场，并在泵机组上挂运行标志牌。

(5) 及时填写机组运行记录，做到完整、准确、真实，注意水罐液位及运行参数的变化。

4. 停运

(1) 逐渐关闭泵出口阀门，戴绝缘手套按下电动机停止按钮。

(2) 待机泵空转停稳后，盘泵3～5圈，关闭泵进口阀门，打开泵前过滤器的排污阀或出口放空阀。

3.13 空压机操作规程

1. 启动前的准备

(1) 确认空压机出口阀已开启;

(2) 确认附件完好;

(3) 检查油位窥视口，油面必须在规定的线上;

(4) 对储气罐、缓冲罐脱水。

2. 启动

(1) 接通电源;

(2) 轻按电动机启动器上的启动开关，使空压机运转;

(3) 如有异常情况，立即切断电源，排除故障后再启动。

3. 正常运转

(1) 空压机的排气压力应在额定范围内。

1) 关闭空压机通向缓冲罐的阀门，打开空压机附带储气包的阀门排气降压，确认在额定压力下限时，空压机自动启动，关闭此阀门；空压机达到额定压力上限时，空压机自动停机;

2) 检查确认符合要求后，打开空压机通向缓冲罐的阀门。

(2) 空压机机体和电机运转应正常、平稳、无杂音。

(3) 电机和轴承温度应正常。

(4) 润滑系统应正常，保持足量的润滑油。

4. 停车

按下停止按钮，关闭储气罐出口阀（储气罐应充满气体，保证空压机检修过程中紧急切断系统的正常运作）。

5. 安全要求

对空压机进行检查时，严禁用手触摸防护罩和皮带。

3.14 监控报警系统操作规程

1. 监控部分

(1) 球机操作：使用球机操作键盘一按“切换”转到小屏显示“球机 00X”，按“地址”+1（2、3）分别选择 1、2、3 号球机进行控制，选择好后，用方向摇杆控制球机左右、上下移动，“变倍+”、“变倍一”，控制图像远近。

(2) 设置预置位：在球机控制状态下，选择要设置的球机，按“设置预置”小屏显示“设置预置位”，把图像转到需要的位置，按数字，再按确认，比如按“1”+“确认”设置预置位“1”，设置完毕后按“退出”。

(3) 调用预置位：在球机控制状态下，选择要控制的球机，按“调预置位”小屏显示“调预置位”，按设置好的预置位数字，比如按“1”就调用该球机的预置位置 1，图像转到设置好的位置。

（4）监控图像监看：监控屏显示为16画面，如要对其中一画面重点监控，用鼠标双击该画面，图像变为单画面，再双击该画面恢复到原来的状态。

（5）图像回放：点击鼠标右键，监控屏上出现菜单，选择回放，按提示输入用户名和密码，进入回放界面，选择所需要回放的通道—日期—搜索录像文件，点击需要播放的时间段播放。

2. 报警部分

（1）布防：在所有防区准备好，键盘上绿灯常亮，输入操作码＋2布防，比如操作码为1234，输入12342，布防成功，红灯亮。

（2）撤防：在布防状态下，输入操作码＋1，比如操作码为1234，输入12341，撤防成功，红灯灭。

（3）报警：在布防状态下，比如发生报警，警号发出声音，同时键盘上显示防区号如“008”，提示该位置发生报警，撤防一次，报警屏上保持报警位置信息，在确认无误后，再次撤防消除报警信息。

4 液化天然气储配站设备设施的日常维护和保养

设备服务于工艺，工艺服务于运营，运营服务于效益。因此，设备设施的日常维护与保养也十分重要。本章介绍LNG储配站设备设施的日常维护保养，设备管理就是设备受控管理，目前实行的巡回检查、状态监测、特级护理、故障诊断、腐蚀防护、保温管理以及密封堵漏等行之有效的日常维护，使每台设备在寿命周期内处于最佳状态，让所有设备产生协同效应，从而更好地服务于工艺，为企业创造更大的效益。

燃气专业设备管理“三三二五”制：

“三图”：操作系统图、管线走向图、逻辑控制图；

“三票”：运行操作票、检修工作票（第一种、第二种票）、临时用电票；

“三定”：定期清扫、定期检修、定期试验；

“五记录”：运行记录、检修记录、试验记录、事故记录、设备缺陷记录；

“五规程”：运行规程、检修规程、试验规程、事故处理规程、安全规程。

4.1 LNG储配站主要设备特性

LNG储配站的工艺特点为“低温储存、常温使用”。储罐设计温度达到－196℃（LNG常压下沸点为－162℃），而出站天然气温度要求不低于环境温度10℃。LNG无色、无味、无毒且无腐蚀性，其体积约为同量气态天然气体积的1/600，LNG的质量仅为同体积水的45%左右。因此决定了储配站设备具有如下独有的特性：

（1）场站低温储罐、低温液体泵绝热性能要好，阀门和管件的保冷性能要好。

（2）LNG储配站内低温区域的设备、管道、仪表、阀门及其配件在低温条件下操作性能要好，并且具有良好的机械强度、密封性和抗腐蚀性。

（3）因低温液体泵启动过程是靠变频器不断提高转速，从而达到提高功率增大流量和提供高输出压力的，所以低温液体泵要求提高频率和扩大功率要快，通常在几秒至十几秒内就能满足要求，而且保冷绝热性能要好。

（4）气化设备在普通气候条件下要求能抗地震、耐台风和满足设计要求，达到最大的气化流量。

（5）低温储罐和过滤器的制造及日常运行管理已纳入国家有关压力容器的制造、验收和监察的规范；汽化器和低温烃泵在国内均无相关法规加以规范，在其制造过程中执行美国相关行业标准，在压力容器本体上焊接、改造、维修或移动压力容器的位置时，都必须向压力容器的监察单位申报。

4.2 LNG储配站主要设备结构、常见故障及其维护、检修方法

4.2.1 LNG低温储罐

LNG低温储罐由碳钢外壳、不锈钢内胆和工艺管道组成，内外壳之间充填珠光砂隔离。内外壳严格按照国家有关规范设计、制造和焊接。经过几十道工序制造、安装，并经检验合格后，其夹层在滚动中充填珠光砂并抽真空制成。

1. LNG储配站常用储罐的结构

（1）低温储罐管道的连接共有7条，上部的连接为内胆顶部，分别有气相管、上部进液管、储罐上部取压管、溢流管共4条；下部的连接为内胆下部，分别有下进液管、出液管和储罐液体压力管共3条。7条管道分别独立从储罐的下部引出。

（2）储罐设有夹层抽真空管1个，测真空管1个（两者均位于储罐底部）；在储罐顶部设置有爆破片（以上3个接口不得随意撬开）。

（3）内胆固定于外壳内侧，顶部采用十字架角铁固定，底部采用槽钢支架固定。内胆与外壳间距为300mm。储罐用地脚螺栓固定在地面上。

（4）储罐外壁设有消防喷淋管、防雷避雷针、防静电接地线。

（5）储罐设有压力表和压差液位计，它们分别配有二次表作为自控数据的采集传送终端监控。

2. LNG储罐的故障及维护

（1）每年对储罐的真空度进行检测，及时掌握储罐的真空、保冷状况，并形成记录。

（2）日常检查储罐设备的配套设施，储罐的进、出口连接管道，查看有无泄漏，发现问题及时维修。

（3）储罐基础观察，防止周边开山爆破产生的飞石对储罐的影响。

（4）经常检查擦拭储罐的安全阀、压力表、压力变送器、液位计、液位变送器，看指示是否正确，对易锈蚀部位及时防腐。应按规定对上述附件定期进行校验。若安全阀频繁打开，确认BOG气体压力过高，则此安全阀必须校验。

（5）经常检查储罐外罐体，观察有无结露、结霜现象。发现有结露、结霜时，应分析原因，及时采取措施消除，若储罐外侧冒汗，疑为储罐所用的绝热珠光砂下沉所致。

（6）正常储存液位上限为85%，下限为15%，不得低于2m（低温泵的要求）。

（7）经常检查连接阀门（含根部阀门）和紧急切断阀的密封性能及开关动作，保证工作正常。低温阀门使用一段时间后，常出现漏液现象。若发现上压盖有微漏，应压紧填料压盖。若阀芯不能关闭，应更换阀芯。低温阀门严禁加油和水清洗。

（8）定期对储罐的日静态蒸发率进行检测（每半年一次），并及时和夹层真空度对比，发现问题及时采取措施解决，并形成记录。

（9）定期对储罐的垂直状况进行检测（每年一次），每月对储罐的基础牢固程度进行检查。

（10）定期对储罐外表的防腐层进行检查，发现点状、片状防腐层破坏时及时处理，对大面积的涂层脱落，应制定方案及时进行防腐。

4.2.2 汽化器

1. 汽化器的结构特点

（1）可承受4级地震和160km/h的飓风。

（2）最大允许工作压力为40MPa。

（3）流量最大可达到8000Nm³/h。

（4）一体式汽化器高度为14m，质量大约为7100kg。

（5）汽化器由40余个部件组成，均采用美国进口铝合金材料制作，国内组装。连接处使用不锈钢螺栓、铝合金角铁焊接，并经气体试压、焊缝检查合格后出厂。

（6）汽化器内的低温液体自下而上不断光化后，气态介质由顶部流出。管路的对称设计保证了液体在汽化器内的均匀流动，各类汽化器都有不同的翅片组合形式，翅片的有力组合是为了减少汽化器结霜的情况，保证光化效率，常见的组合有8+12组合、4+8组合模式。液、气态的流向也不相同，这些设计都是为了提高设备的光化能力和效率。

2. 汽化器的日常检查与维修保养

（1）汽化器运行过程中，应定时（每小时一次）检查汽化器表面的结霜甚至结冰情况。如果某处或某段传热管的结霜（结冰）比其他部位严重，应仔细检查是否有泄漏点。

（2）汽化器运行过程中，应检查汽化器的出口温度及压力，并形成记录。

（3）应及时检查汽化器的进口截止阀、紧急切断阀、出口安全阀的完好状况，当出现泄漏等异常情况时应及时消除。

（4）应及时检查（每周一次）汽化器基础的耐低温及牢固情况，保证基础不破损且牢固可靠。

（5）汽化器在运行过程中如出现设备过度结冰和周边环境温度下降等情况时，应检查汽化器使用组和备用组的自动切换、人工切换的可靠程度。

（6）对汽化器运行过程中发现的问题，如焊口有开裂现象，特别注意低温液体导入管与翅片和低温液体汇流管焊接处的裂纹，应在停机后处理，并形成检修记录。

4.2.3 低温离心泵

1. 低温离心泵的结构特点

为保证LNG储罐内的LNG输出达到次高压16kg/cm² 的压力，在LNG储罐的出口设置了多级变频低温离心泵，低温离心泵具有以下几个特点：

（1）泵体和电机完全浸没在LNG低温介质中，从而杜绝了产品的损失，并保证了泵的快速启动。

（2）真空绝热套使冷损降至最小。

（3）密封剂浸润性设计时维护要求降至最低。

（4）泵芯顶部悬挂于壳体的设计便于安装与拆卸。

（5）可变频调速的电机扩大了泵的输出功率和转速的变化范围。

2. 低温离心泵的常见故障及维护

（1）日常操作中不应有异常噪声，横向比较：两个泵之间比较；纵向比较：本泵异常时间前后的比较。

（2）定期检查：按说明书要求每4000h进行一次维修检查（与供应商联系）。

（3）低温储罐最低液位至泵进口管道液位应保持在3m以上的高度。

（4）注意对泵外壳体的保护和清洁工作。

（5）外壳、外壁结霜怀疑为漏真空（泵启动后顶部出现结霜是正常的）时，可对外壁进行真空度检测，但真空度检测孔平常不要打开。

4.2.4 过滤器

1. 过滤器的结构特点

LNG储配站所使用的过滤器是网状滤芯式过滤器，用于过滤出站天然气中的颗粒杂质及水。过滤器的滤芯是可以更换的，更换下来的滤芯（指滤网材质为不锈钢的滤芯）经清洗后可重复使用。过滤器配备压差计，指示过滤器进出口天然气的压力差，它表示滤芯的堵塞程度，过滤器滤芯的精度一般选用50μm，集水腔的容积大于12%过滤器的容积。

2. 过滤器的日常维护内容和故障处理

（1）定期排污和检查压差计读数。

（2）过滤器本体、焊缝和接头处有无泄漏、裂纹、变形。

（3）过滤器表面有无油漆脱落。

（4）有无异常噪声及振动。

（5）支撑及紧固件是否发生损坏、开裂和松动。

（6）若过滤器法兰盖出现泄漏可能是由于密封面夹杂异物所致，可将密封面吹扫（吹扫可用氮气）干净后更换密封垫片。

（7）若接头处发生泄漏，在丝扣连接处加缠生胶带，情况严重的予以更换。

（8）若过滤器前后压差过大，可对滤芯进行吹扫或更换。

（9）过滤器吹扫或维修后须用氮气试压、置换合格后方可使用。

4.2.5 水浴式汽化器

（1）经常检查汽化器的进水量及水温，其应满足气化的技术要求。加热水应为软化水。

（2）经常检查汽化器的出口压力、出口温度，其应符合要求。

（3）经常检查进出口接管、阀门（含安全阀）及压力表的完好情况。

（4）经常检查汽化器外表面的防腐层状况，对出现片状腐蚀等不符合要求的情况，应及时进行防腐处理。

（5）经常对汽化器的基础进行检查，保证牢固可靠。

（6）对运行维护过程中发现的问题应及时处理，并形成记录。

4.2.6 自动加臭装置

1. 加臭装置维护标准

（1）加臭装置应由经过培训的人员进行操作和维护管理。

（2）严格按照厂家制定的操作规程及有关程序进行加臭装置的开机、加药、关机等操作。

（3）加臭装置运行时，工作人员必须每天到现场对储药量、加药泵的运转及输出等情况进行一次认真的检查。

（4）每班应对加药泵、油位、膜片及排气情况进行一次巡查，发现问题要及时做出相应的处理。

（5）储药罐每次加药前应排污一次，排除固体沉淀和不纯药物。

（6）在加药比例长时间不变的条件下，应每月作一次标定，以确保加药量的准确性。

（7）过滤器每半年必须拆开清洗一次。

（8）冬夏季节温差变化较大时，应更换液压油的黏度。

（9）对加臭装置的各部件、阀门、管路等进行经常性的维护保养，保持整套装置整洁、性能良好、运转正常。

（10）加臭装置如安装在室外，应有遮阳避雨的设施加以保护。

2. 加臭机维护周期

加臭机维护周期见表 4-1。

加臭机维护周期 **表 4-1**

序号	维护周期	维护内容	维护标准	备注
1	每周	阀门和连接部位泄漏情况	无泄漏	
		四氢噻吩储罐液位在规定范围	四氢噻吩储罐液位在 600～300mm 之间（液位计的 20 格处）	
		加药泵的运转	运转正常	
		润滑油油位	保持在泵轴的 1/2 处	
		膜片	完好无破裂	
		排气	正常	
		流量信号的电路情况	对启闭力矩大的加注密封脂	
		自动加臭一次	自动加臭	
2	半年	更换泵内机油	油质清澈，无臭味	
		清除腔内机油及杂质	腔内机油及杂质清除干净	
		清洁排油孔塞	排油孔塞通畅	

3. 加臭机常见故障处理

加臭机常见故障处理见表 4-2。

加臭机常见故障处理 **表 4-2**

序号	故　障	原　因	处理方法
1	加臭泵不工作	1. 电源中断 2. 防爆开关失灵 3. 控制器保险丝熔断 4. 线路接触不良或中断	1. 重新合上电源开关 2. 更换防爆开关 3. 更换保险丝 4. 接紧线路

续表

序号	故障	原因	处理方法
2	泵的输出量降低或浮子跳动低	1. 液压进油口螺栓松动 2. 单向阀内有杂质 3. 机油黏度不适宜	1. 拧紧螺栓 2. 清洗单向阀 3. 更换机油
3	机油混有加臭剂	膜片破裂	更换膜片
4	进油口螺栓混有加臭剂	膜片破裂	更换膜片
5	液位计液面不动	补油泵头和上料泵头有空气	关闭输出阀、打开回流阀运行
6	转子不跳动	1. 上下单向阀堵塞 2. 腔内有气体	1. 清洗上下单向阀 2. 打开安全阀排出气体

4.3 日常维护、保养及维修注意事项

4.3.1 日常维护、保养

(1) 每月对LNG泵和管路、阀门进行清理，对地上部分进行检漏，保证LNG泵等设备清洁、整齐、安全。

(2) 对于发现的泄漏点，及时处理。对于较大的故障自己无法处理的，要及时上报站长，由站长联系公司技术部修理。

(3) 在对管路进行维修时，一定要关闭管路前后的阀门，确认余压放散合格后，才准许维修人员进行管路维修。

(4) 按有关规定对报警探头、压力表等安全附件进行检验，保证设备在规定检验的正常周期内。

(5) 随时做好检修保养记录。

(6) 在进行设备故障维修时，应填写清楚设备名称、故障部位和原因、维修时间和检修人。

(7) 日常维修保养项目和周期

日常维修保养项目和周期见表4-3。

日常维修保养项目和周期 **表4-3**

维修保养项目	日检	周检	月检	季检	年检	5年检
排除空压机空气储罐和分水罐内的存水	√	√	√	√	√	√
排放放空总管内的湿气	√	√	√	√	√	√
检查加液软管和放空软管是否完好，有无泄漏，护网有无损坏，根据情况修理或更换	√	√	√	√	√	√
检查LNG加气枪有无泄漏，功能是否灵敏，视情况修理	√	√	√	√	√	√
检查阀门和管线有无泄漏，视情况修理		√	√	√	√	√

续表

维修保养项目	日检	周检	月检	季检	年检	5年检
检查LNG加气操作柱的接地是否完好		√	√	√	√	√
检查加气嘴有无泄漏，视情况维修和调整加液速度		√	√	√	√	√
检查消防器材是否完好			√	√	√	√
进行系统功能测试，检验阀门（包括手动阀、气动阀和电磁阀）、紧急关闭系统是否完好			√	√	√	√
排尽围堰内的污水，清理雨水坑			√	√	√	√
检查加气站的接地线是否完好，视情况维修				√	√	√
检查各阀门的接头有无泄漏，视情况维修				√	√	√
调校甲烷探测器				√	√	√
检查储罐环形空间的真空度，视情况维修					√	√
检查管线的绝热性能，视情况维修					√	√
检查压力表、液位计和流量传送器是否完好，有无泄漏，视情况维修					√	√
检查在线安全阀有无泄漏，并调校					√	√
LNG泵每运转4000h，小修一次；超过8000h，中修一次						√
每3年更换不间断电源电池						√

4.3.2 维修注意事项

1. 工艺安全交出

由场站技术员现场指导，关阀、泄压、加盲板、氮气置换合格、签字交出。

氮气置换要点如下：

(1) 氮气置换速度不应超过5m/s。

(2) 向管道内注氮气的温度不应低于5℃。

(3) 置换过程设若干监测点，并做好相应置换记录。

(4) 使用氮气或液氮置换空气时，管道末端检测点氧含量小于2%为合格；如使用制氮车置换空气，可先用氮气置换至末端检测点氧含量小于4%，再用天然气置换氮气至末端检测点氧含量小于2%，此过程中，严格控制天然气置换速度小于5m/s。

(5) 使用氮气置换天然气时，末端检测点可燃气体含量低于爆炸下限的20%为合格。

2. 维修员安全操作要点

(1) 确定在维修的工作范围内无各种安全隐患存在。

(2) 在维修过程中电气设备故障时，必须将该设备电源关闭，停电、验电、接地线，并在电源开关处悬挂明显警示标志。

(3) 维修前应对所维修的设备设立“维修警示牌”。

(4) 维修人员必须佩戴安全帽、穿防静电工作服进行操作。

(5) 维修人员在进行维修操作时严禁携带手机或其他电子用品。

(6) 维修人员所使用的工具必须摆放整齐，放在工作台布上，避免造成安全隐患。

(7) 严格按维修规程作业。

(8) 维修完后签字交工艺运行。

3. 投用前置换与试密要点

(1) 使用氮气置换空气时，管道末端检测点氧含量小于 2% 为置换合格。

(2) 使用天然气置换氮气时，各检测点检测到的天然气浓度均大于 65%，则管线天然气置换合格。

(3) 站内管道置换时，起点压力应小于 0.1MPa。

(4) 天然气置换合格后，应进行严密性试压。

(5) 严密性试压应以天然气为介质，应严格控制天然气流速和气量，升压速度不大于 1MPa/h，试验压力等于设备或管道设计压力。

(6) 严密性试压时，以管道无渗漏为合格。

4.4 自动化仪表专业维护、检修

1. 仪表检查规程

(1) 检查仪表各阀门开启位置是否正常。

(2) 开启仪表的电源开关（流量计积算仪、压力变送器、温度变送器、液位变送器）。

(3) 开关上下游阀门时，应缓慢平稳，避免冲击损坏仪表的零部件，应观察仪表有无卡阻现象。

(4) 不能随意敲击仪表，应检查仪表的接头和法兰是否泄漏。

(5) 对仪表的选择应准确（测量范围、精度等级、一次元件）。

(6) 定期对各种仪表进行鉴定，确保计量及测量准确。

(7) 随时观察压力、流量的变化情况。

(8) 要正确掌握流量计的测量范围，必要时再开启另一路计量，确保计量准确。

(9) 仪表不使用时，应放空仪表内的存气，关闭仪表阀门及电源。

(10) 认真填写记录报表，读出和报出的数据要准确。

2. 仪表维护规程

仪表维护规程，如表 4-4 所示。

3. 温度变送器常见故障、原因及处理方法

温度变送器常见故障、原因及处理方法，如表 4-5 所示。

4. 压力表常见故障、原因及处理方法

压力表常见故障、原因及处理方法，如表 4-6 所示。

5. 压力变送器（差压液位变送器）常见故障、原因及处理方法

压力变送器（差压液位变送器）常见故障、原因及处理方法，如表 4-7 所示。

仪表维护规程 **表 4-4**

序号	维护周期	设备类型	维护内容	维护标准	备注
1	每个月	所有仪表	周围环境	无不安全因素	
		所有仪表	卫生	整洁	
		所有仪表	仪表本体和连接件损坏和腐蚀情况	无损坏和腐蚀情况	
		所有仪表	泄漏检查	无泄漏	
		所有仪表	检查运行压力、温度和实际管道压力	在正常范围内	
2	每半年	变送器	信号线	整齐无损坏	
		变送器	电源电压	在规定的范围内	
		差压变送器、压力变送器	定期排污	无污渍排出	
		压力表	定期检定	合格	
3	每一年	变送器	定期检定	合格	

温度变送器常见故障、原因及处理方法 **表 4-5**

序号	故　障	原　因	处理方法
1	显示值比实际值低或不稳定	1. 保护管内有金属屑、灰尘 2. 接线柱间脏污及热电阻短路（水滴等）	1. 除去金属屑，清扫灰尘、水滴等 2. 找到短路处，清理干净或吹干；加强绝缘
2	显示仪表指示无穷大	1. 热电阻或引出线断路 2. 接线端子松开	1. 更换热电阻 2. 拧紧接线螺丝
3	电阻值随温度变化	热电阻丝材料受腐蚀变质	更换热电阻
4	仪表指示负值	1. 仪表与热电阻接线有错 2. 热电阻有短路现象	1. 改正接线 2. 找出短路处，加强绝缘

压力表常见故障、原因及处理方法 **表 4-6**

序号	故　障	原　因	处理方法
1	压力表无指示	1. 导压管上的切断阀未打开 2. 导压管堵塞 3. 弹簧管接头内污物淤积过多而堵塞 4. 弹簧管裂开	1. 打开切断阀 2. 拆下导压管，用钢丝疏通，用气吹干净 3. 取下指针和刻度盘，拆下机芯，将弹簧管放到清洗盘内清洗，并用细钢丝疏通 4. 更换新压力表

续表

序号	故 障	原 因	处理方法
2	指针抖动大	1. 被测介质压力波动大 2. 压力表的安装位置振动大 3. 高压、低压和平衡阀连接漏气（双波纹管差压计）	1. 关小阀门开度 2. 固定压力表或取压点；或把压力表移到振动小的地方；也可装减振器 3. 检查出漏气点并排除
3	压力表指针有跳动或呆滞现象	指针与表面玻璃或刻度盘相碰有摩擦	矫正指针，加厚玻璃下面的垫圈
4	压力去掉后，指针不能恢复到零点	1. 指针打弯 2. 指针松动	1. 用镊子矫直 2. 校验后敲紧
5	指示偏低	1. 导压管线有泄漏 2. 弹簧管有渗漏	1. 找出泄漏点并排除 2. 补焊或更换

压力变送器（差压液位变送器）常见故障、原因及处理方法 **表 4-7**

序号	故 障	原 因	处理方法
1	压力信号不稳定	1. 压力源本身是一个不稳定的压力 2. 仪表或压力传感器抗干扰能力不强 3. 传感器接线不牢 4. 传感器本身振动很厉害 5. 变送器敏感部件隔离膜片变形、破损和漏油现象发生 6. 补偿板对壳体的绝缘电阻大 7. 变送器有泄漏 8. 引压管泄漏或堵塞	1. 稳定压力源 2. 紧固接地线 3. 紧固传感器接线 4. 固定传感器 5. 更换变送器 6. 减小绝缘电阻 7. 检查出泄漏部位并排除 8. 清洗疏通引压管，排除泄漏点
2	变送器接电无输出	1. 接错线 2. 导线本身断路或短路 3. 电源无输出或电源不匹配 4. 仪表损坏或仪表不匹配 5. 传感器损坏	1. 检查仪表和传感器线路接错点并排除 2. 检查断路或短路点并排除 3. 更换电源 4. 更换仪表 5. 更换传感器

4.5 储配站设备及管道腐蚀管理

4.5.1 设备及管道腐蚀原因

化工设备在服役期间可能出现的主要损伤形式及失效模式如图 4-1 所示。

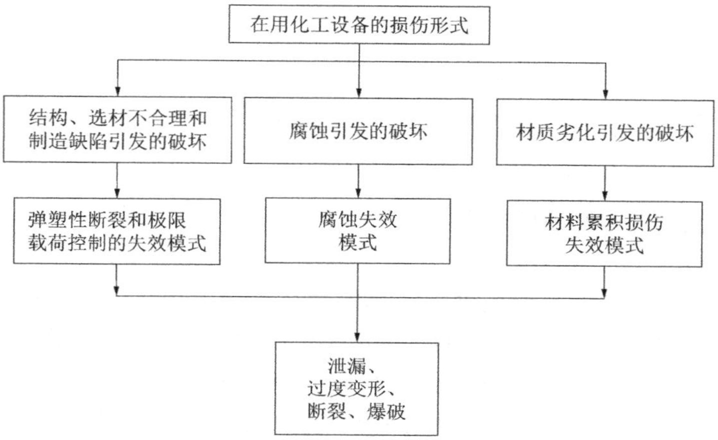

图 4-1 在用化工设备的主要损伤形式及失效模式

金属管道在化学介质（包括大气环境）中的腐蚀，从机理上来分析可以归纳为两大类：电化学腐蚀和化学腐蚀。

电化学腐蚀是金属在介质中由于电化学作用而产生的腐蚀，腐蚀过程中有电流产生。金属的电化学腐蚀过程犹如形成了腐蚀电池。例如碳钢在水或潮湿环境中的腐蚀，可以这样来解释：碳钢中的铁素体和渗碳体在水介质中将构成腐蚀电池的两个电极，铁素体的电极电位较渗碳体为低，铁素体成为阳极，而渗碳体成为阴极。腐蚀电池的阳极反应为溶解反应，即：

$2Fe \longrightarrow 2Fe^{2+} + 4e$

电子（e）由阳极向阴极移动，到达阴极后再与 O_2 和 H_2O 形成阳极反应，即：

$2H_2O + O_2 + 4e \longrightarrow 4OH^-$

于是阳极反应继续以下的过程：

$2Fe^{2+} + 4OH^- \longrightarrow 2Fe(OH)_2$

这样碳钢中的铁素体就被不断溶解（腐蚀）。

凡是构成的腐蚀电池中电极电位相对较低的金属便成为阳极，被腐蚀溶解；而电极电位相对较高的则成为阴极，不会被腐蚀。综上所述，电化学腐蚀过程由阳极反应、电子流动和阴极反应三个环节所组成，缺一不可。

而化学腐蚀是材料在介质中直接发生化学作用的腐蚀，腐蚀过程中没有电流产生。例如钢在高温空气中的氧化、钢在高温高压氢环境中的氢腐蚀（钢中的 C 与 H_2 化合生成 CH_4）等。

腐蚀可以分为以下几种形式：

- 腐蚀
  - 内部腐蚀
    - 均匀腐蚀(与材料和介质有关)
    - 点腐蚀(孔蚀)(与材料和介质有关)
    - 冲刷腐蚀(与部位和介质流速以及介质中的颗粒含量有关)
    - 晶间腐蚀(主要与介质和材料有关)
    - 应力腐蚀(与介质、应力、材料有关)
    - 缝隙腐蚀(与介质、材料、结构缝隙有关)
    - 氢腐蚀(与氢介质、高温、压力、材料有关)
    - 电偶腐蚀(与介质、相接触的多种金属材料有关)
  - 外部腐蚀
    - 有保温腐蚀(与介质、应力、材料、温度有关)
    - 无保温腐蚀(与周围环境有关)
    - 与支架局部接触处腐蚀

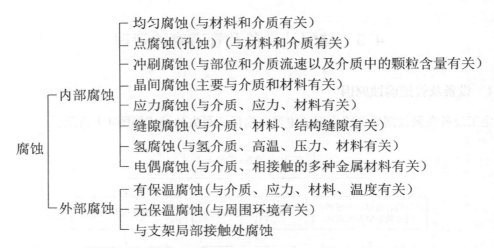

现将上面提到的各种腐蚀形式简述如下:

(1) 均匀腐蚀

均匀腐蚀是指与腐蚀性介质接触的全部或大部分金属表面发生比较均匀的大面积腐蚀。它会使压力管道壁厚均匀减薄，致使强度不足而发生鼓胀，甚至爆破。通常用每年的腐蚀深度（mm/a）来表示腐蚀速率，这样可以大致估计管道的剩余寿命。许多腐蚀手册中可以查到腐蚀速率的数据。也有采用腐蚀失重的方法表示和衡量腐蚀速率。

(2) 点腐蚀（孔蚀）

点腐蚀是在金属表面产生针状、点状、小孔状的局部腐蚀形态。点腐蚀过深时易造成局部穿孔，若干小孔紧凑地聚在一起时也可能造成局部减薄。大多数点腐蚀与卤素离子有关，对点腐蚀影响最大的是氯化物、溴化物和次氯酸盐。碳钢和未经固熔化处理的奥氏体不锈钢均会发生点腐蚀。

(3) 冲刷腐蚀

冲刷腐蚀是指腐蚀性介质与金属表面在相对运动中引起金属的加速腐蚀。高速流动的流体会使腐蚀过程中阳极反应产生的金属离子溶入介质的速度和迁移速度加快，因此冲刷腐蚀要比静态腐蚀快得多。管道弯头处由于流体流动方向的急剧变化引起流体的湍流搅动，最易造成弯头的冲刷腐蚀和局部减薄。

(4) 晶间腐蚀

晶间腐蚀是金属材料在特定的腐蚀介质中，沿着材料的晶粒边界受到腐蚀，使晶粒之间丧失结合力的一种局部腐蚀破坏现象。产生晶间腐蚀的原因很多，一般认为是由于晶界合金元素的贫化，如不锈钢在晶界有富铬和富钼相析出，则沿晶界就会产生一个贫铬和贫钼区。

当贫化区的铬和钼含量降至钝化所需的极限含量以下时，贫化区的晶界成为阳极，在腐蚀介质的作用下，产生晶间腐蚀。

晶间腐蚀的机理可用图 4-2 表示；晶间腐蚀后的金相如图 4-3 所示；晶间腐蚀断裂后的沿晶断口如图 4-4 所示。

奥氏体不锈钢最容易在焊缝两侧的热影响区（即经历敏化温度影响的区域）形成晶间腐蚀。

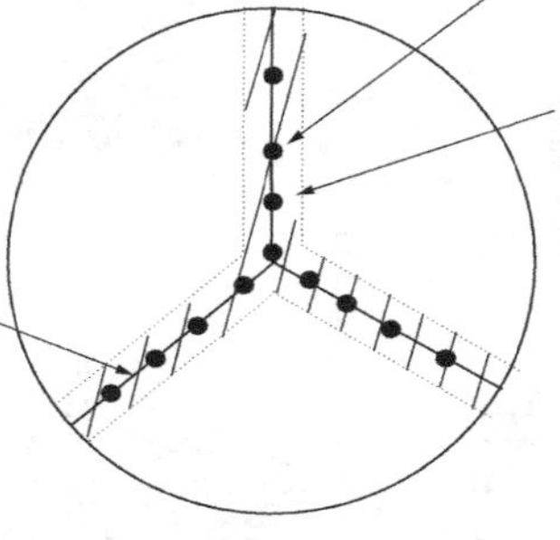

图 4-2　奥氏体不锈钢敏化后的晶间示意图

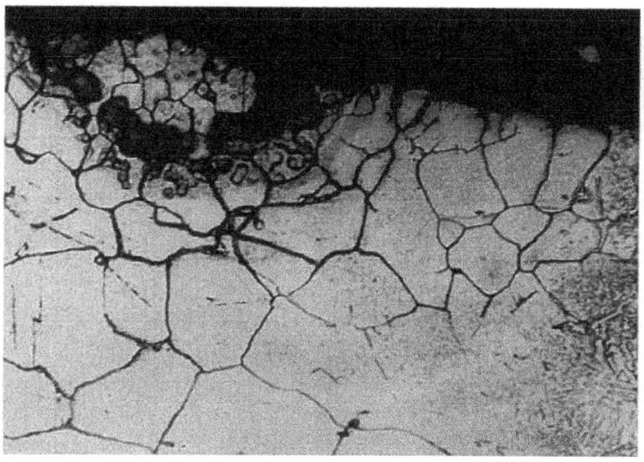

图 4-3　奥氏体不锈钢晶间腐蚀后的金相

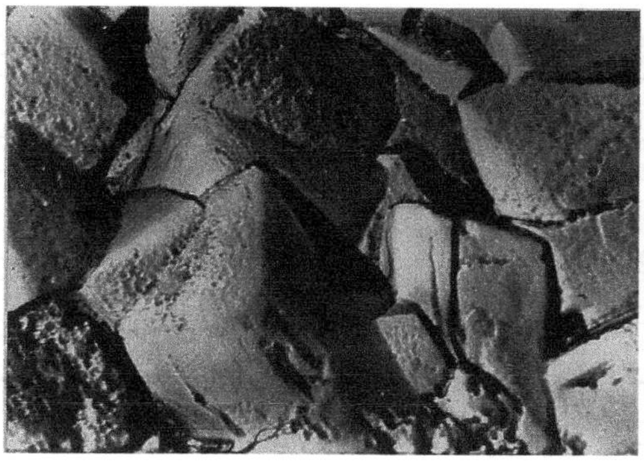

图 4-4　奥氏体不锈钢晶间腐蚀断裂后的沿晶断口

（5）应力腐蚀

金属在静应力（大多为拉应力）和特定腐蚀介质的协同作用下引起金属开裂的现象称为应力腐蚀。应力包括外加载荷、热应力及冷加工、热加工、焊接等引起的残余应力，以及裂缝锈蚀产物的楔入应力等。它与单纯由均匀腐蚀引起的破坏不同，引起应力腐蚀的介质往往均匀腐蚀性极弱；它与单纯由应力造成的破坏也不同，因为应力腐蚀产生的裂纹可导致在低应力下发生破坏。而且，这种破坏发生时，往往没有变形的预兆，应力腐蚀产生的裂纹达到临界值后会迅速扩展引发突然断裂，易造成严重事故。应力腐蚀裂纹的重要特征是呈树枝状分叉发展，裂纹形状如图 4-5 所示。金属因介质不同所产生的应力腐蚀裂纹有沿晶、穿晶与沿晶穿晶混合型三种。

对于不同的应力腐蚀现象，可用阳极溶解和氢致开裂两种理论解释。应力腐蚀引起开裂的现象十分广泛，即使耐蚀性很好的钛合金在某些介质中也会产生应力腐蚀。一种金属只在某些特定介质中产生应力腐蚀，如奥氏体不锈钢易在含氯离子的溶液中产生应力腐蚀，低碳钢与低合金钢易在含硝酸盐的溶液中产生应力腐蚀。表 4-8 列出了会引起金属应力腐蚀开裂的腐蚀介质。

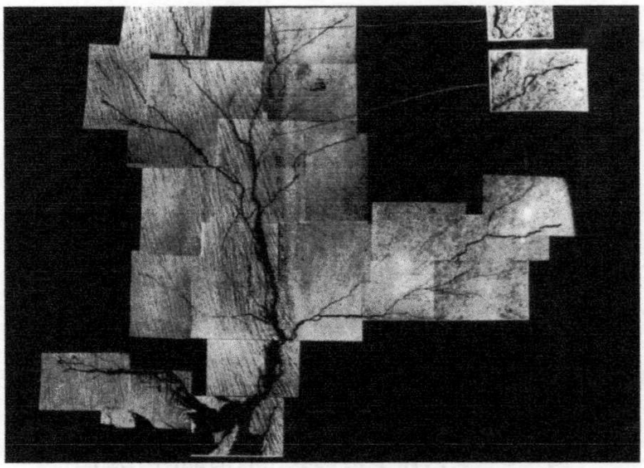

图 4-5　树枝状分叉的应力腐蚀裂纹

引起金属应力腐蚀开裂的腐蚀介质　　　**表 4-8**

介　质	低碳钢、结构钢	18-8 不锈钢	黄铜	蒙乃尔	镍、因科镍	钛	铝
氯化氨	IT						
胺			T				
氨（纯）	I						
氨（稀）			IT				
硝酸铵	I	I	I				
丁烷十二氧化硫			T				
镉						I	
溴化钙		T					
铬酸	T						
甲酚（蒸气）	I						
氰	T						
氟酸钙				IT			
氯化氢（有水）	T	T					
氰化氢（有水）	T						
硫化氢（有水）	IT						
氢氟酸		IT		IT	I		
硝酸、盐酸、氢氟酸（浸渍）		T					
无机氯化物（有水）		T					
无机硝酸盐	I						
硝酸亚汞			IT	IT			
汞			IT	IT			

续表

介　质	低碳钢、结构钢	18-8 不锈钢	黄铜	蒙乃尔	镍、因科镍	钛	铝
混合酸（硫酸＋硝酸）	I						
硝酸＋氯化锰	I						
硝酸（红烟）						I	
硝酸（气体）			T				
发烟硫酸	IT						
有机氯化物（有水）		T				I	
氢氧化钾	I	T		I			
过锰酸钾	I						
盐水＋氧		T				I	I
氟硅化盐				I			
氢氧化钠	I	IT	IT	I	I		
蒸汽			②	②	③		
硫酸盐溶液（白）	T	IT					
硫化物溶液		IT					
硫化物					I		
硫酸铀酰						I	

注：I—晶间裂纹，T—穿晶裂纹，IT—晶间及/或穿晶裂纹；
②—硅青铜于 204℃、蒙乃尔于 315℃产生应力腐蚀裂纹；
③—因科镍于 815℃产生应力腐蚀裂纹。

在焊接件中，焊接残余应力是引起金属应力腐蚀开裂的主要因素。因此需要对在某些介质中使用的焊接件进行消除残余应力处理，但一般最有效的办法还是选择合适的金属材料或是去除介质中引起应力腐蚀的某种成分，如控制与奥氏体不锈钢接触的介质中氯离子含量。

应力腐蚀只有当产生应力腐蚀开裂后才能检查到。应力腐蚀裂纹在金属中分布具有分散性及裂纹深度差别大等特点。一般以单位时间内的裂纹增长量表示应力腐蚀裂纹扩展速率（$\frac{da}{dt}$）。应力腐蚀裂纹的扩展速率一般都很大，是一种危险的裂纹。

化工装置管道中常见的应力腐蚀还有很多种，下面略举几种：

1）碱脆

浓缩的 NaOH 碱液，在溶液沸点附近很容易使碳钢形成应力腐蚀龟裂。锅炉气包中在某些死角或缝隙处很可能出现水中夹带的 NaOH 不断浓缩，从而形成应力腐蚀裂纹，它会引起锅炉爆炸。过去习惯上将锅炉中出现的这种裂纹称之为碱脆。NaOH 浓度为 10％时就会发生碱脆，30％时最敏感。

2）硝脆

溶液中含有硝酸根（如硝铵溶液的蒸发器或管道）时，常会使碳钢和低合金钢发生应力腐蚀，甚至比 NaOH 更容易导致应力腐蚀。不同的硝酸盐其硝脆倾向有所不同，例如 NH_4NO_3＞Ca（NO_3）$_2$＞$LiNO_3$＞KNO_3＞$NaNO_3$。

3）液氨

无水液氨（浓度在 99.98％以上）可以使碳钢和低合金钢的储运容器发生应力腐蚀，特别是在有残余应力的焊缝区。

湿硫化氢、高压的 CO_2＋CO 水溶液、HCN 的溶液或含水气体均可使碳钢和低合金钢发生应力腐蚀。

（6）缝隙腐蚀

结构的缝隙中积存着少量静止的介质或沉积物，缝隙中往往会发生强烈的局部腐蚀。压力管道的垫片下、内表面的未焊透缺陷处、搭接缝处以及螺纹堵头的螺纹处均是缝隙腐蚀的多发区。

（7）氢腐蚀

高温高压临氢金属管道可能发生氢腐蚀。

（8）电偶腐蚀

电偶腐蚀又称不同金属的接触腐蚀或双金属腐蚀。是指两种或两种以上具有不同电极电位的金属接触时在介质中发生的腐蚀。电位低的金属成为阳极，腐蚀加速，而电位高的金属成为阴极，腐蚀减缓，甚至停止腐蚀，受到保护。

以上 8 种腐蚀形式在管道内部都有可能发生。但管道内部腐蚀隐蔽性强，且发生的材料具有多样性，检验和检测的手段有限，是一个较为薄弱的环节。而管道外部腐蚀往往以碳钢为多，不锈钢较少有外部腐蚀，但对于保温材料受潮或含有 Cl^- 的水渗入，不锈钢往往会发生点腐蚀和应力腐蚀。在特殊大气环境下无保温的不锈钢管道也有发生应力腐蚀的特例。

对于有保温的管道外部腐蚀，由于保温层质量和保温材料自身的缘故难免使大气或水分侵入，管道材料和水溶液共同产生阳极反应，从而使金属表面产生点腐蚀。

对于无保温的管道外部腐蚀，主要与装置内的工业大气环境和装置外的总体环境有关，装置内的工业大气环境主要为酸性、碱性以及含有较高浓度的氯化物的局部环境。装置外的大气环境主要为海洋性大气环境。这些有害物质的存在，是使管道外部产生腐蚀的主要因素。

4.5.2 设备及管道防腐蚀要求

1. 设备及管道表面处理要求

（1）表面锈蚀等级分为：

A 级：钢材表面全面覆盖着氧化皮且几乎没有铁锈；

B 级：钢材表面已发生锈蚀且部分氧化皮已经剥落；

C 级：钢材表面氧化皮因锈蚀而剥落或者可以刮除，且有少量点腐蚀；

D 级：钢材表面氧化皮因锈蚀而全面剥落且已普遍发生点腐蚀。

（2）被油脂污染的金属表面，除锈前应将油污清除，可用水或蒸汽冲洗。旧漆层处理可采用机械法、碱液清除法、有机溶剂清除法。

例如：石油储罐受化工大气、海洋大气的腐蚀，因此，在进行喷砂或打磨处理前应采用高压洁净水冲洗表面。

2. 钢材表面处理的质量等级要求

手工或动力工具除锈等级：St2、St3；

喷射或抛射除锈等级：Sa1、Sa2、Sa2.5、Sa3。

3. 设备及管道防腐蚀施工技术要求

（1）对防腐蚀结构施工的技术要求

1）设备和管道防腐蚀涂装宜在焊接施工（包括热处理和焊缝检验）等完毕，系统试验合格并办理工序交接手续后进行。

2）经处理后的金属表面，宜在4h内进行防腐蚀结构层的施工。当空气湿度较大或工件温度低于环境温度时，应采取加热措施防止被处理的工件表面再度锈蚀。

（2）对防腐蚀工程施工质量的检验要求

1）对于复合涂层防腐蚀结构的施工质量检查，应进行外观检查。还必须对干燥漆膜厚度用涂层测厚仪进行测厚。

2）对于埋地设备及管道防腐蚀结构的施工质量检查，除了上述两项检查外，还必须进行电火花检漏、黏结力或附着力检查。

4.6 储配站设备及管道绝热管理

4.6.1 设备及管道绝热结构材料的性能

1. 绝热材料分类

按结构划分，可分为纤维类、颗粒类和发泡类；

按可压缩性划分，可分为硬质、半硬质和软质。

2. 常用绝热材料及制品

泡沫玻璃的基质为玻璃，故不吸水，是理想的保冷绝热材料。泡沫玻璃具有优良的抗压性能，不会自燃也不会被烧毁，是优良的防火材料。

硬质聚氨酯泡沫塑料密度小，热导率小，施工方便（聚氨酯可现场发泡浇注成型），不耐高温，可燃，防火性差。

3. 绝热材料的主要技术性能（吸水率、吸湿率、含水率）

（1）吸水率表示材料对水的吸收能力，吸湿率是材料从环境空气中吸收水蒸气的能力，含水率是材料吸收外来的水分或湿气的性能。

（2）材料的含水率对材料的导热系数、机械强度、密度影响很大。材料吸附水分后，材料的导热系数就会大大增加。

4.6.2 设备及管道绝热结构的组成与要求

1. 设备及管道绝热的一般规定

外表面温度高于50℃且工艺需要减少散热损失的设备及管道必须保温。

2. 设备及管道绝热结构的组成

设备及管道的绝热结构一般分层设置，由内到外，保冷结构由防腐层、保冷层、防潮层、保护层组成，保温结构由防腐层、保温层、保护层组成。

3. 保冷结构的组成及各层的功能

（1）保冷层：是保冷结构的核心层。

（2）防潮层：是保冷层的围护层。

1）对于埋地或在地沟内敷设的管道，其保温层的外表面也应按实际需要设置相应的防潮层。

2）防潮层外不得设置铁丝、钢带等硬质捆扎件，以防止对防潮层的破坏。

3）吸水率不应大于1%。

4.6.3 设备及管道绝热工程的施工方法

1. 绝热层施工方法

（1）捆扎法施工

将绝热材料制品敷于设备及管道表面，再用捆扎材料将其扎紧、定位的方法。适用于软质毡、板、管壳，硬质、半硬质板等各类绝热材料制品。

捆扎法施工要求：

1）配套的捆扎材料有镀锌铁丝、包装钢带、粘胶带等，该方法最适合于管道和中、小型圆筒设备的绝热。对泡沫玻璃、聚氨酯、酚醛泡沫塑料等脆性材料不宜采用镀锌铁丝、不锈钢丝捆扎，宜采用感压丝带捆扎，分层施工的内层可采用粘胶带捆扎。

2）该方法用于大型筒体设备及管道时，需依托固定件或支承件来捆扎、定位。

（2）浇注法施工

将配制好的液态原料或湿料倒入设备及管道外壁设置的模具内，使其发泡定型或养护成型的一种绝热施工方法。液态原料目前多采用聚氨酯溶剂，该方法较适合异形管件的绝热以及室外地面或地下管道的绝热。

浇注法绝热层施工要求：

1）每次配的料必须在规定时间内用完。试块的制作应在浇注绝热层的同时进行。

2）大面积浇注时，应设对称多浇口，分段分片进行。

3）浇注时应一次浇注成型，当间断浇注时，施工缝宜留在伸缩缝的位置上。

（3）喷涂法施工

该方法与浇注法同属现场配料、现场成型的施工方法。

喷涂时应自下而上，分层进行。大面积喷涂时，应分段分片进行。

室外进行喷涂时，风力大于三级、酷暑、雾天及雨天，均不宜施工。

2. 伸缩缝及膨胀间隙的留设

（1）伸缩缝留设规定

设备或管道采用硬质绝热制品时，应留设伸缩缝。两固定管架间水平管道的绝热层应至少留设一道伸缩缝。应在立式设备及垂直管道的支承件、法兰下面留设伸缩缝。弯头两端的直管段上，可各留一道伸缩缝；当两弯头之间的间距较小时，其直管段上的伸缩缝可根据介质温度确定仅留一道或不留设。当方形设备壳体上有加强筋板时，其绝热层可不留设伸缩缝。

（2）伸缩缝留设宽度

伸缩缝留设的宽度，设备宜为 25mm，管道宜为 20mm。

（3）膨胀间隙的留设

必须在膨胀移动方向的另一侧留设膨胀间隙。

3. 防潮层施工方法

设备或管道保冷层和敷设在地沟内管道的保温层，其外表面均应设置防潮层。防潮层施工常采用涂抹法和捆扎法。

不宜在雨天、雪天或夏日暴晒中进行室外防潮层的施工。

4. 双层或多层结构绝热层施工方法

当保温层厚度大于或等于 100mm，保冷层厚度大于或等于 80mm 时，应分为两层或多层逐层施工。每层厚度宜相近。

5　液化天然气储配站管理

LNG在民生工程中被广泛使用，由于LNG的物化特性和易燃易爆性，为了确保储配站的安全运行，必须掌握LNG的基本知识，加强LNG储配站各个环节的管理，充分体现管理就是效益的原则，使储配站实现安、稳、长、满、优运行。在燃气行业建立学习型组织，深入推进燃气五化建设（制度化、职业化、信息化、精细化、标准化），打造卓越的行业团队；燃气行业必须坚持“安全是基础，效益是中心”的行业理念，燃气行业人员须熟知以下管理四大方针：

安全管理方针：辨识危害、规范行为、消除隐患、四不放过；

环保管理方针：梯级利用、清污分流、末端治理、循环使用；

生产管理方针：管生产就是管工艺指标；

设备管理方针：控制入口、维护保养、计划检修、规范行为。

5.1　储配站管理标准

5.1.1　场站标准化管理标准

概念：建立三级网络（公司、片区、场站），规范三项管理（人员分工、场站制度、场站台账），实现一个目标（打造具有燃气行业特色的标准化场站）。

1. 适用范围

公司所有场站。

2. 人员分工

明确“1长6办”工作职责，1长即站长，6办即激励主办、安全主办、培训主办、会议主办、站费主办、思想动态主办，若根据班组实际需要还需增设主办的，由场站提议，组织讨论通过后增设，到片区（公司）备案。

3. 场站制度

建立并推行6项制度，即场站分配制度、绩效评价制度、培训制度、会议制度、激励制度、场站费制度。场站可根据实际情况建立其他管理制度，但必须报上级备案。

（1）场站分配制度：根据本场站实际情况，建立适应本场站成员的分配制度。

（2）绩效评价制度：怎样正确评价场站员工的绩效，要具体设立关键控制绩效点。

（3）培训制度：针对各场站实际情况进行培训。

（4）会议制度：各场站每月必须召开至少一次班会，开会时必须至少邀请片区（公司）一名领导参加，并做好记录。

（5）激励制度：具体约束性的考核条款和奖励条款。

（6）场站费制度：各场站应做好经费收支台账，场站费支出必须由场站长签字同意。

每月底张榜公布。

4. 场站台账

建立并推行 4 本台账，即场站会台账、场站费台账、激励台账、绩效评价台账。若根据本站实际需要还需增设台账的，由该站提议，组织讨论通过后增设。

5. 场站审核

(1) 各班组认真推行场站标准化。

(2) 审核：各场站之间开展交叉互审，审核内容为场站标准化相关内容，制度审核流程：公司总监下发审核计划──→场站交叉审核──→上交审核报告──→行政总监审阅──→报公司。

(3) 上交资料：每月 25 日场站长上交场站标准化推进综述。

6. 精神文明

(1) 场站在集会或开展活动时应自发组织激情调动活动，如唱歌等。

(2) 对于公司组织的集体活动，安排到场站，场站应无条件派人参加。

7. 场站上交报表

场站考核每月 25 日上交给片区（公司）主管。

本标准由公司管理部负责解释、考核，从 2017 年 5 月 1 日起开始执行。

5.1.2 场站倒班人员工作流程管理标准

概念：规范两项管理（工作流程、交接班会）。

(1) 适用范围

场站各倒班班组。场站倒班人员工作流程简图见图 5-1。

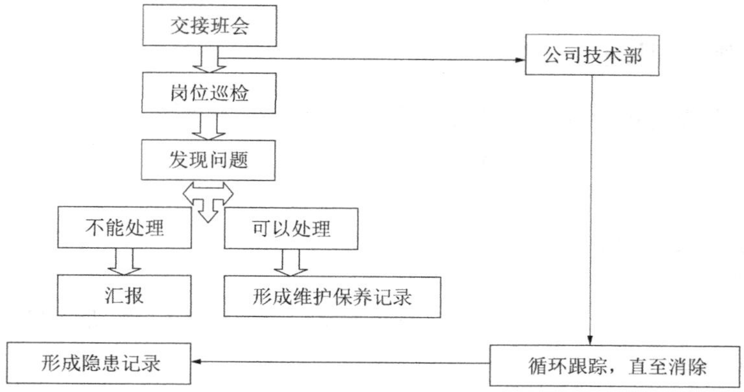

图 5-1 场站倒班人员工作流程简图

(2) 接班人员必须按规定时间提前到岗，交班人员应办理交接手续后方可离去。

(3) 交班人员应提前做好交接班准备：

1) 整理报表及检修、操作记录。

2) 核对模拟屏、微机显示与实际是否相符。

3) 设备缺陷、异常情况记录。

4) 核对并记录好消防用具、公用工具、钥匙、仪表及备用器材等。

5）做好所辖区域的清洁卫生。

（4）交接班时应交清以下内容：

1）设备运行方式、设备变更、异常、事故、隐患等情况及处理经过。

2）保护和自动装置运行及保护定值的变更情况。

3）设备检修、试验情况，安全措施布置情况。

4）巡视检查中发现的缺陷和处理情况。

5）当班已完成和未完成的工作及有关措施。

（5）接班人员接班时应做好下列工作：

1）查阅各项记录，检查负荷情况、音响、信号装置是否正常。

2）了解重大操作及异常事故处理情况。

3）巡视检查设备、仪表等，了解设备运行情况及检查安全措施布置情况。

4）核对安全用具、消防器材，检查工具、仪表的完好情况及钥匙、备用器材等是否齐全。

5）检查周围环境及室内外清洁卫生状况。

（6）遇以下情况不准交接班：

1）接班人员班前饮酒或精神不正常。

2）发生事故或正在处理故障。

3）设备发生异常尚未查清原因。

4）正在进行重大操作。

（7）时间要求：控制在15min以内。

（8）应形成的记录：班长班前会记录，员工可不作记录。

（9）本标准由公司管理部负责解释、考核，从2017年7月1日开始执行。

5.1.3 设备分级管理标准

概念：规范三级管理（A类、B类、C类），控制五大环节（巡检标识、巡检安全防护、巡检运行状况、异常上报、设备归档）。

1. 适用范围

公司所有电气仪表设备。

2. 设备分级

（1）A类设备：发生故障后对安全、生产有重大影响导致系统大减量或停车且故障率极高的电气仪表设备。

（2）B类设备：发生故障后引起减量、造成生产波动的电气仪表设备。

（3）C类设备：除A类、B类以外的其他电气仪表设备。

3. 巡检标识

（1）配电室

1）配电室名称标识牌标示清楚，变压器室及各台变压器名称标示清楚。配电室门口和变压器附近的“配电重地，闲人免进”或“高压危险”标识完好。

2）配电室主母排和分支母排相序标志明显、完好。

3）每个配电柜正反面编号清晰一致。

4）进门附近配电柜的正面柜门上张贴有此配电室内所有回路的平面排列图；每种回路的控制原理图张贴在与之对应的柜门上。

5）每条线路在接头附近要有标签，标签上的编号或文字必须清楚明了。

6）仪表电源、DCS电源、连锁电源（包含零线）标识清晰显眼。

（2）DCS室

1）总供电示意图（包括UPS联络电源来源和去向）；

2）分支开关标识；

3）卡件标识；

4）安全栅或继电器位置标识；

5）交换机网络标识；

6）光纤收发器标识；

7）操作电脑电源标识。

（3）现场设备

1）机泵编号清晰且与设备、配电室编号一致；

2）控制箱编号清晰且与设备、配电室编号一致；

3）电机启停按钮颜色、安装顺序符合规定，旋转开关方向对应启停功能标识清晰；

4）机泵供电位置明确标注在控制箱上；

5）机泵保养及校验时间在机泵醒目位置挂牌；

6）现场仪表对应安全栅、卡件等标识清楚；

7）现场仪表工艺用途标识清楚。

4. 巡检安全防护

（1）配电室的屋顶完好情况，是否漏雨，门窗应关闭，防止雨水、粉尘和腐蚀性气体渗入配电室。

（2）配电室门口活动挡板完好，电缆沟、桥架、变压器母线桥进桥口等处孔洞密封情况，防止老鼠、蛇类等动物进入配电室。

（3）电缆沟、孔洞的封堵采用阻燃材料。

（4）电缆沟是否有积水。

（5）配电室电气专用、安全用具（操作手柄、拉手、绝缘棒、绝缘夹钳、验电笔、绝缘手套、橡胶绝缘靴等）。

（6）柜门平时要关闭，电缆和柜体直接接触的地方要加绝缘护套，防止电缆损伤。

（7）高压配电柜前的地面上要铺设绝缘垫。

（8）灭火器的完好情况。

5. 巡检运行状况

（1）配电室

1）降温设施是否正常开启。

2）室温是否正常。

3）配电室内外应经常打扫、清理，做到无杂物、无蛛网，保证通道畅通，干净整洁。

4）变压器高低压触头、进线开关、所有刀闸、A类设备回路接头温度。

5）灭灯检查或夜巡，看有无打火放电、闪络现象。

6）是否有焦烟味等异常气味。

（2）DCS室

1）室温及空气正压开启情况；

2）主控器状态及负荷；

3）24V电源模块工作状态；

4）UPS电源工作状态；

5）接线端子发热情况；

6）网络状态；

7）卡件状态；

8）计算机状态。

（3）现场设备

1）电机、控制箱防雨情况，防腐蚀情况，控制箱门是否关闭严实，电流指示是否正常；

2）电机风扇罩、接线盒、地脚螺栓、大小端盖紧固螺杆、接地线外观无松动；

3）电机机体、首尾端轴承温度及声音；

4）电机振动情况；

5）电机接线盒处电缆、引线接头温度，是否有焊锡等金属熔化物滴落；

6）电机轴承盒处是否有润滑脂溢出；

7）电机首尾端轴承注油设施是否完好；

8）变压器油位，是否漏油；

9）变压器温度，降温风扇开启情况；

10）变压器运行声音、振动情况；

11）变压器瓷瓶、瓦斯继电器、压力释放器、油枕等附件完好情况；

12）变压器门、锁完好；

13）仪表巡检必须到操作室询问操作人员或查看操作记录，是否存在设备缺陷；

14）查看电脑报警及曲线；

15）现场仪表接线防水、接地、防腐（螺栓要抹黄油）情况；

16）引压管、阀门、变送器、压力表等连接点泄漏情况；

17）调节阀定位器润滑及限位；

18）开启空气排污阀检查空气质量；

19）电机、控制箱、变压器及现场仪表卫生情况；

20）周围是否有其他危及电机、变压器等电气仪表设备正常运行的介质存在（如蒸汽、酸碱液等）。

6. 异常上报

（1）员工对A类设备需每天进行一次认真巡检。保持现场卫生，做好防腐工作，发现异常情况应及时处理，并报告上一级领导。

（2）对B类设备需每3～7d巡检一次。

（3）对C类设备由各片区自行根据实际情况进行巡检。

（4）对A类设备的检查必须做到逢修必检，对A类设备的校验按照《校验规程》进行校验检查。

(5) 因临时性任务或生产需要的紧急任务，而不能按照正常的规定程序、方式方法及周期进行巡检的，在下次巡检时，应注明上次没有巡检的原因。

7. 设备归档

(1) 各片区、维护班组应建立 A 类设备档案，包括上线、维护、维修等记录。

(2) 片区可根据生产实际，在一定时间或一定范围内将 B 类设备升级为 A 类设备进行管理。也可将 A 类设备降级为 B 类设备，但必须及时修改设备档案（电子版）。

(3) 对 A 类设备的运行情况，每月要形成设备综述上报部门。对 A 类设备的巡检记录各片区应至少保存一年。

(4) 所有 A 类设备必须张贴醒目的红“A”标识，其回路中重要的节点、易操作的部件也应张贴红“A”标识，以防误操作。

本标准由公司技术部负责解释、考核，从 2017 年 7 月 1 日开始执行。

5.1.4 机泵保养管理标准

概念：规范三项管理（润滑保养周期、其他维护保养、维护保养记录），确保机泵周期保养率≥95%。

1. 适用范围

(1) 异步电动机。

(2) 380V 电机。

2. 润滑保养周期

(1) 二级电机

1) 带注油孔的，每月注油一次，每次注油前须将废油排放掉。每次注油量不超过轴承盒容量的 1/3。

2) 不带注油孔的，每 2 个月进行一次补油。

3) 每 6 个月更换一次轴承并保养电机。

(2) 四级电机

1) 带注油孔的，每 3 个月注油一次，每次注油前须将废油排放掉。每次注油量不超过轴承盒容量的 1/2。

2) 不带注油孔的，每 4 个月进行一次补油。

3) 每年更换一次轴承并保养电机。

(3) 六级电机

1) 带注油孔的，每 4 个月注油一次，每次注油前须将废油排放掉。每次注油量不超过轴承盒容量的 2/3。

2) 不带注油孔的，每年进行一次补油。

3) 每 2 年更换一次轴承并保养电机。

(4) 级及以上电机

八级及以上电机根据情况灵活处理，但最长时间不得超过 3 年。

(5) 不能按周期进行保养的，应缩短注油周期，进行升级管理，并做好记录。

(6) 以上所规定时间为累计运行时间。

3. 其他维护保养

（1）更换轴承时必须仔细检查轴承质量，严格按要求装配。

（2）每次进行电机保养时必须仔细检查接线盒、引线、电缆鼻子等相关设施，对于高压电机原设计的接线盒内的支柱瓷瓶，予以取消，采用直接连接，绝缘处理。根据检查情况对引线进行更换，必要时可要求做电气试验。

（3）高压电机进行保养时还必须对定子线圈进行清灰。若是开启式高压电机则其引线应定期更换。

（4）如在保养周期内，电机出现异常情况，可视情况提前进行保养。

（5）到期需要进行维护保养的，必须以书面的联系单形式报生产部、事业部要求停机保养，超过保养期限没有进行保养，又无特殊情况说明的，造成事故的，将进行责任追究。

4. 维护保养记录

所有电机的润滑保养、其他维护保养、检查接线盒、引线、电缆鼻子、清灰等情况都必须在《电机设备档案》上做好记录，确保档案的完整性。

本标准由技术部负责解释、考核，从2017年7月1日开始执行。

5.1.5 仪表作业管理标准

概念：规范仪表作业的管理，明确仪表检修作业规程，确保检修合格率达到100%。

1. 适用范围

公司内所有仪表检修作业项目。

2. 票证办理

（1）电仪工进行现场检修施工、维护作业，必须实行作业票制。没有办理作业票，禁止现场作业。

（2）作业票按作业类别分为一般作业、重要作业、重大作业。作业票必须填写作业内容、作业时间、作业人员、安全措施及检修方案。

1）一般作业：日常巡检发现的故障处理、零星检修作业；DCS系统UPS电源的放电、控制柜内检查、计算机清灰等。

2）重要作业：高温系统（如蒸汽、高温物料）停车降温后，紧固与工艺连接的部件，如法兰、调节阀填料、调节阀阀体上下阀盖等；强腐蚀系统（如尿素、有机物）停车泄压后，与工艺相连的仪表管件，如测温套管、调节阀阀芯等。

3）重大作业：重要调节阀（如新老尿素装置P4阀、脱碳调节阀），涉及阀门故障直接影响停车或大减量的重要阀门；重要的报警连锁系统（如压缩机油压连锁、冰机油压连锁、烧碱A区电解的相关连锁、PVC连锁等）以及重要的安全连锁装置。

（3）作业票办理流程

一般作业：由检修项目负责人编制→站长签字→片长签字。

重要作业：检修方案必须由站长编制→片长签字→公司技术部。

重大作业：检修方案必须由站长编制→片长签字→公司技术部签字→公司总工程师签字。

以上作业均需相关人员审批后方可实施。

3. 安全措施

（1）作业前，电仪人员必须做好危害辨识和风险评估，并落实好相应的防范措施，必要时应制定应急预案，经部门生产总监批准后，方可进行现场作业。

（2）现场作业必须实行一人作业一人监护，在确认作业对象、作业方案无误后，方可实施作业。

（3）修改设定值或由于其他原因进入系统时，必须由技术员或 DCS 人员到现场指导、配合和监护，避免发生误动作。

（4）对现场任何设计的修改，由各事业部以书面的工作联系单交部门执行。

（5）故障设备需更换时，必须由技术员确认后，方可进行更换。并在设备检修记录本上详细记录工作时间及内容备案。

（6）作业时需一人作业一人监护，严格按照作业步骤操作，谨防出现误操作事件。

（7）设备装置正常生产期间，在机柜间内进行停/送电操作及更换电源保险和系统卡件等作业时需有技术员到场确认和监护。

4. 工作程序

（1）现场一般指示仪表维护作业

1）在检修方案上填写仪表作业具体内容及具体操作步骤；办理检修作业票。

2）工艺人员签字确认并经确认仪表位号无误后进行仪表作业。

3）作业时必须一人操作一人监护。

4）作业结束后，联系工艺人员一同确认仪表设备交付使用。

5）作业人员与工艺人员双方在作业票上签字封闭。

（2）控制回路一次仪表（现场测量）作业

1）在检修方案上填写仪表作业具体内容及具体操作步骤。

2）到相关生产岗位办理检修作业票，确认工艺操作人员已将回路切换至手动控制。

3）工艺人员签字确认并经确认仪表位号无误后进行仪表作业。

4）作业时必须一人操作一人监护。

5）作业结束后，联系工艺人员一同确认仪表设备交付使用。

6）作业人员与工艺人员双方在作业票上签字封闭。

（3）调节阀检修作业

1）在检修方案上填写仪表作业具体内容及具体操作步骤。

2）到相关生产岗位办理仪表作业票，确认工艺操作人员已将回路切换至手动控制。

3）联系工艺操作人员将现场调节阀切换至旁路。

4）工艺人员签字交出并确认调节阀已切换后进行检修作业。如调节阀要下线，必须将导液排空并经工艺人员确认，方可下线。

5）作业时必须一人操作一人监护。

6）作业结束后，联系工艺人员一同确认仪表设备交付使用。

7）工作票双方签字封闭。

8）需外单位人员检修调节阀时，岗位维护人员按照以上步骤办理相关手续并现场监护、配合检修。

（4）关键仪表、连锁仪表作业

1）关键仪表及连锁仪表作业前，各片区进行危害辨识和风险评估。

2）编写相关作业方案，报部门审核、公司领导审批。

3）办理检修作业票，明确作业内容、作业步骤、防范措施。

4）连锁回路需办理连锁解除工作票。

5）通知技术人员到场指导。

6）作业时一人作业一人监护，严格按照审批后的作业方案步骤执行。

7）作业结束后，需岗位人员、电控部、安环部三方共同确认。

8）工作票封闭（连锁回路办理连锁恢复手续）。

（5）系统组态修改

1）任何修改/新增仪表组态作业（包括用HART通信器等智能变送器的组态），必须以书面通知为准。

2）作业前需编制方案、填写检修作业票，注明作业具体内容。经DCS技术人员签字后进行组态作业。

3）组态作业时必须由计算机主管现场指导、配合和监护，避免发生误动作。

4）组态作业完成后需由DCS维护人员及工艺人员共同确认，达到要求后签字交出。

5）DCS维护人员出具组态修改的书面记录，包括组态内容、组态修改人、修改时间等。

6）作业票封闭、存档。

（6）计量、分析仪表作业

1）计量或分析仪表维护人员现场作业时需办理检修作业票。

2）与工艺人员现场确认设备交出情况。

3）工艺人员签字交出仪表设备后进行仪表作业。

4）进行机柜间内仪表作业时，必须有一人到场全程监护，必要时通知技术人员到场确认监护，防止误动作。

5）作业结束后，检修人员需对作业进行核查并做好记录。

6）计量或分析仪表维护人员与工艺人员共同确认仪表交付使用。

7）工作票封闭、存档。

（7）仪表停电作业

1）进行仪表回路停电作业前，维护人员需确认该供电回路上的负荷情况，确认供电回路停电操作不会影响到生产正常操作。必要时通知片长、生产总监现场确认。

2）编制检修方案，明确停电范围及具体操作步骤。

3）办理检修作业票，通知生产岗位作业内容及产生的影响。

4）工艺人员确认并采取相应的防范措施后，仪表维护人员进行停电操作。

5）操作时需一人操作一人监护，必要时通知片区技术人员到场监护。

6）作业完成后、送电前由片区技术人员进行确认，避免发生短路造成上级供电跳闸。必要时联系生产总监确认。

7）送电结束后封闭工作票、存档。

（8）DCS系统故障处理

1）DCS系统出现故障时，片区应尽快组织进行抢修，确保工艺生产不受影响。及时通知DCS维护人员到场。

2）出现硬件故障需要更换时，DCS 维护人员到场确认、监护更换。

3）更换前，应对该项作业进行危害辨识和风险评估，同时需要编制详细的作业方案，计算机主管审核后方可实施。

4）作业前，DCS 维护人员应联系生产岗位，通报仪表作业内容及可能产生的后果，工艺车间做好防范措施。办理好作业票后方可进行仪表作业。

5）实施作业时，应一人操作一人监护，严格按照作业方案的步骤实施。

6）作业完成后，由 DCS 维护人员、计算机主管共同确认更换部件工作正常后投用。

本标准由电控部负责解释、考核，从 2008 年 7 月 1 日开始执行。

5.1.6 计算机管理标准

概念：规范两项管理（生产系统计算机、办公室计算机）

1. 生产系统计算机

(1) 各片区计算机维护人员建立计算机台账，包括计算机型号、生产厂家、使用工段、计算机编号等内容。

(2) 各片区计算机维护人员每周检查一次岗位计算机的运行状况（包括生产操作是否正常、计算机内存状况、硬盘空间、软件安装及使用情况等），并将检查情况记录在设备检修记录本上。

(3) 各片区计算机维护人员在每月的 26 日前将本片区的 DCS 运行情况、下月的工作重点及难点交给计算机主管。计算机主管对各片区的台账实行不定期检查，发现不符合规定的，一次罚款 20 元。

(4) 各系统计算机管理人员要监管岗位操作工只能用计算机做与本岗位相关的生产操作，禁止对计算机进行与生产无关的操作，包括：退出监视系统、玩游戏、打字、重启电脑、拆卸硬件、改变计算机系统设置、在计算机上安装其他无关软件及擅自关闭音响报警器、私自挪动电脑位置等，以上情况一经发现，将进行严厉处罚。若计算机管理人员没有发现或发现后没有制止应负一定的连带责任。

(5) 控制系统卡件、主机、显示器等主要硬件的变更（包括更换、拆除、安装等）应做好记录。

(6) 硬件的变更应至少有两人在场，以防误操作。

(7) 计算机除安装必需的应用软件外，原则上不安装其他无关软件。

(8) 各片区与控制系统相关的物资计划由各片区负责人批准，并上交计算机主管备案；对于更换下来的配件，能修理的则尽快送修，不能修理的则应做好报废记录。

(9) DCS 系统程序下装一个月只允许集中下载一次，并且要制定详细的下装方案。特殊情况下生产部强制下装时，必须由分管生产的副总签字认可。

2. 生产系统 UPS 电源

(1) 生产系统 UPS 电源是专给 DCS 系统及生产系统计算机供电的，它是经 UPS 将 220VAV 交流市电转变成稳定的 220VAC 交流电，以保证 DCS 系统及计算机稳定运行。

(2) UPS 电源主要作为 DCS 控制室电源及操作台计算机电源、光纤收发器电源、交换机电源等。

(3) 严禁在生产系统 UPS 电源线路接任何用电设备如应急灯、手机充电器、照明及大功率用电设备，避免对生产系统产生影响，以上情况一经发现，将进行严厉处罚。若计算机管理人员没有发现或发现后没有制止应负一定的连带责任。

3. 办公室计算机

（1）办公室计算机由技术处统一建立台账，并上交计算机主管备案。

（2）各办公室计算机的责任人为办公室内最高职位的员工。

（3）办公室内计算机严禁安装各类大小游戏及各种娱乐性质的软件。

（4）笔记本电脑在综合管理处登记备案，由部长统一调配，其报废由部门综合管理员统一负责。

本标准由技术部负责解释、考核，从 2017 年 7 月 1 日开始执行。

5.1.7 特巡管理标准

概念：规范两项管理（开关站及配电室设备特巡），达到一个目标（隐患受控率达到 100%）。

1. 适用范围

本站工艺管线设备及配电室。

2. 开关站及配电室设备特巡

（1）特巡条件

1）设备投运、事故及异常时（检修后投入的设备、新设备投入运行后）；

2）雷雨天气及天气突变时；

3）环境温度达 35℃时。

（2）特巡内容

1）交接班时，应对重点设备进行一次全面的外观及发热情况检查。

2）设备发生故障或存在隐患，带病运行时，应加强巡检频次，且应记录变化情况。

3）遇雷雨天气，生产管理人员、维护班长必须到现场巡视，查找生产中异常情况。

4）环境温度达 35℃时，运行人员应到各配电室进行熄灯检查。

5）特巡时，对设备及其周围环境（主控室和高压室的门窗、电缆沟的防鼠堵漏）都应进行全面检查，有问题时应立即处理，以防事故发生。

3. 汇报

在特巡过程中，发现缺陷（可能危及设备、人身安全或引发事故时），应立即通知有关人员协助处理，同时汇报上级领导，处理完毕后还应监视其运行情况。

4. 记录

所有特巡情况必须记录到站长记录本上。

5.1.8 合理化建议、绿色场站论文管理标准

概念：规范两项管理（合理化建议、绿色场站论文），控制四大环节（申报、采纳、奖励、跟踪）。

1. 合理化建议

（1）内容

1）部门管理。

2）生产隐患整改、技术革新。

3）双拧双高、挖潜增效、双五项目、绿色场站。

（2）申报

1）班组每月 20 日向所在片区上报本班组合理化建议情况。片区在每月 25 日前将合理化建议的采纳情况反馈给班组，并制定责任人、时间节点。

2）各片区每月 25 日交公司合理化建议，由主管部门汇总。

3）双拧双高主管于每月 8 日前将各片区的“合理化建议”进行筛选、分类，对“双拧双高”、“双五”、“绿色场站活动”未落实及已落实项目汇总后的电子版上交到企管部。

（3）采纳

合理化建议一经片区采纳，责任人必须按照具体的方案、时间节点完成。提议人即为该项建议的督办人，其应督办责任人在规定的时间内完成建议内容。

（4）奖励

1）凡片区采纳的合理化建议奖励 100 元/条，另由部门奖励 200 元，片区奖励 200 元。

2）“双拧双高、双五项目、绿色场站”被公司采纳奖励的，部门不再奖励，按公司奖励标准发放。

（5）跟踪

每月部门随机抽查合理化建议落实情况。

2. 绿色场站论文

（1）内容

1）论题现状。

2）原因分析。

3）攻关过程及实施措施。

4）结论：控制要点或控制方法（尽量表格化）；攻关效果（附效益测算）。

（2）格式要求

1）标题：黑体、小二号，与正文之间空一行。

2）正文

①正文小标题：黑体、小四号。

②正文：仿宋 _ GB2312、小四号。

③正文行间距：20 磅。

④页面设置：上、下、左、右页边距均为 2.5cm，装订线 0.5cm。

3）页眉页脚

①字体：楷体、小五。

②间距：单倍行距，页眉、页脚边距均为 1.5cm。

（3）评比

部门绿色场站论文主管择优向公司推荐，由公司评比后获奖人员按公司奖励标准发放，部门不再进行奖励。

本标准由公司综合部负责解释、考核，从 2017 年 5 月 1 日起开始执行。

5.2 储配站岗位职责

以下储配站各岗位职责属上墙职责，每个企业都有各自的特点，只作参考。

5.2.1 加气站站长岗位职责

(1) 在上级的领导下，完成加气站的各项工作任务。

(2) 负责加气站的全面管理工作。

(3) 遵守并负责检查本站员工对各项规章制度和操作规程的执行情况。

(4) 全面掌握站内的各项业务流程、事故应急预案。

(5) 负责加气站对内对外的协调工作。

(6) 负责加气站各种计划、总结的编写。

(7) 负责人员和各项工作任务的安排。

(8) 负责本站职工队伍技术素质的提高及员工业绩考核、考勤情况。

(9) 负责本站的消防和安全工作及本站职工的人身和财产安全。

(10) 确保本站安全运行、设备完好、加气正常。

(11) 完成领导交办的临时性任务。

5.2.2 专职安全员岗位职责

(1) 严格执行《加气站生产管理制度》和《入站须知》，对不符合条件的车辆、人员要坚决禁止入站，并及时发现和消除站内各种安全隐患，制止一切违章操作的人和事。

(2) 负责站内安全隐患的排查，按规定对各岗位安全生产进行检查监督，协助站长进行日常检查，并详细记录检查结果。

(3) 定期检查站内外各种安全标志的完好情况，负责安全标志的悬挂及维修。

(4) 掌握站内消防器材的配置质量、技术性能和使用方法，发现问题及时上报处理。

(5) 做好防火防盗工作，确保加气站的安全。

(6) 负责站内日常安全宣传工作，组织各项安全活动。

(7) 负责站内安全培训工作，定期进行安全培训，提高每位员工的安全意识，并做好相关记录。

(8) 完成领导交办的临时性任务。

5.2.3 班长岗位职责

(1) 在站长的领导下，协助站长完成加气站的各项工作任务。

(2) 遵守本站的各项规章制度，并协助站长监督执行。

(3) 熟练掌握站内的各项业务流程、事故应急预案。

(4) 负责当班加气工作、处理各项加气业务。

(5) 与调度联系加气情况及安排加气作业。

(6) 负责站内加气设备的运行管理。

(7) 负责本班的设备维护、维修工作。

（8）负责做好交接班工作。
（9）做好优质服务工作，处理解决好各种业务矛盾。
（10）完成领导交办的临时性任务。

5.2.4 运行工岗位职责

（1）在班长的领导下，完成加压作业的各项工作任务。
（2）遵守本岗位的各项规章制度，认真执行操作规程。
（3）熟练掌握本岗位的操作流程。
（4）负责撬块内所有设备及仪表的操作运行。
（5）负责撬块内所有设备及仪表的巡检、抄表记录。
（6）负责站内管道、设备的安全运行。
（7）负责站内消防设施的日常检查工作。
（8）负责对外安全生产调度，登记相关记录、建立档案。
（9）不断钻研业务，提出改进工艺的合理化建议。
（10）负责工作现场的卫生工作。
（11）完成领导交办的临时性任务。

5.2.5 维修工岗位职责

（1）在班长的领导下，完成加气站各项维修工作任务。
（2）遵守本岗位的各项规章制度，认真执行操作规程。
（3）熟练掌握本岗位的操作流程。
（4）负责站内设备的日常维护保养及检修工作。
（5）负责归档登记本岗位的技术资料和操作记录。
（6）负责作业区的卫生。
（7）配合设备厂家对设备进行保养、维修作业。
（8）不断钻研业务，提出改进工艺的合理化建议。
（9）完成领导交办的临时性任务。

5.2.6 电工岗位职责

（1）负责保证加气站用电设备及照明电路的正常运行，及时维修保养，消除事故隐患。
（2）遵守本岗位的各项规章制度，认真执行操作规程。
（3）熟练掌握本岗位的操作流程。
（4）负责站内电气设备的日常维护保养及检修工作。
（5）负责归档登记本岗位的技术资料和操作记录。
（6）负责本操作区的卫生。
（7）不断钻研业务，提出合理化建议。
（8）完成领导交办的临时性任务。

5.2.7 财务核算员岗位职责

（1）在班长的领导下，完成加气站各项营业款的收取任务。

（2）遵守本岗位的各项规章制度，认真执行操作规程。

（3）熟练掌握本岗位的操作流程。

（4）熟悉财务制度和财经纪律，以及加气站现金、电子货币卡、发票等管理制度。

（5）熟悉商品价格和收款开票程序，为顾客提供快捷、准确、优质的服务。

（6）妥善保管发票、印章、现金和支票等，严防丢失。

（7）公司财产（收银机、验钞机、收银台、电脑等）的保养。

（8）做好交接班工作，负责填制本班销售报表。

（9）负责本岗位范围内的卫生，保持环境整洁。

（10）完成领导交办的临时性任务。

5.3 储配站管理制度

5.3.1 安全检查制度

1. 检查内容

查安全思想认识、查安全管理工作开展情况、查制度执行情况、查燃气设备运行状况、查安全设施情况、查员工安全保护意识、查各种事故隐患、查劳动安全作业环境、查事故处理情况。

2. 检查形式

（1）全面安全大检查

1）由管网运行部组织有关部门相关人员组成检查小组。

2）结合加气站实际情况及节假日、气候变化、季节等特点组织检查。

3）检查重点内容为加气站、特种车辆、燃气设施和抽查个别两用燃气汽车的钢瓶和气路系统，检查基础档案、台账和事故隐患。

4）检查组发现隐患，应及时下发整改通知书，制定整改方案并组织落实，查出的较大事故隐患应上报安全保卫部备案。

（2）月度安全例行检查

1）由管网运行部负责人、安全员、技术员、设备管理员等联合组成安全例行检查组，对重点要害部位、燃气设施进行检查。

2）每月组织一次，可与全面安全大检查并检。

3）检查重点内容为员工的安全意识、制度执行情况、施工现场及燃气设备运行状况、安全设施运行情况、员工安全保护意识、各种事故隐患、劳动安全作业环境，以现场查看为主，检查组对发现的问题要求各班组、站点限期整改。

（3）周安全检查

1）由加气站站长、班长、专（兼）职安全管理员等组成，各自对责任区进行周安全检查。

2）每周组织一次，可与月度安全例行检查并检。

3）检查现场，发现隐患及时整改，提出安全管理合理化建议。

（4）安全突击检查

1）运营管理部门按照布置或自行组织进行专项抽查。

2）时间不定，可与月、周安全检查并检。

3）抽查重点是制度执行情况、燃气设备运行状况及现场查阅基础资料和台账，了解布置的任务完成情况，形成专项检查报告。

（5）日常安全检查

1）安全管理员对燃气设备的安装、调试、验收、试运转、保养、检修、大修及停产，必须进行安全监督检查。

2）设备管理员根据部门实际，对特种作业、特种设备、特殊场所要建立自查制度，对储气瓶组等压力容器、锅炉、运输车辆等要进行定期与不定期专业检查。

3）岗位操作工在各自业务范围内，应经常进行岗位安全检查，抵制违章指挥，杜绝违章操作，发现不安全因素应及时上报有关部门解决。各级领导对上报的隐患必须认真予以处理。

3. 安全检查工作的基本要求

（1）各类检查必须使用专用检查表，如实填写。

（2）各类检查应有工作记录，检查中发现的问题，应开具“隐患整改通知单”，制定整改期限，制定整改方案，落实整改人员，并将整改结果上报。

（3）运营管理部门要建立检查档案，收集基础资料，掌握部门整体安全状况，及时消除隐患，实现安全工作的动态管理。

5.3.2 交接班制度

（1）交接班的时间：每个生产班结束之前半小时以内为交接班时间，接班人应根据生产特点、工艺情况在此时间内提前上岗接班。未进行交接班或交接班未结束之前，交班人不得离开岗位。

（2）交接班的组织工作，应由上一班次和下一班次的班长、代班长负责或值班人与接班人直接交接。

（3）交接班的内容：班组运行记录；设备工作情况，各种阀门的开关情况；储罐存量、压力的变动情况和进出气情况；本班次内发现并处理了哪些隐患问题，还遗留什么问题，重点应注意哪些部位；清点交接工具及通信设备。

（4）要认真填写交接班记录，记录要有固定的书面格式，交接班人要逐项填写清楚，接班人要详细询问，现场检查核实清楚后，由双方班长在记录上签字。

（5）当班人员应完成本班次任务，本班次发现的安全隐患应在本班次内消除，如存在客观原因无法处理时，应及时报告领导，并向下一班交接清楚。如本班应该解决，也能够解决的问题而故意留待下一班，或接班人实地检查设备运行工况与交接班提供的情况不符合、不清楚时，接班人有权拒绝签字，并及时向领导报告。

（6）在交接班过程中出现的问题和事故，由交班人负责。在接班人签字后所发生的一切事故由接班人负责。

（7）交接班记录必须书写工整，不能用铅笔写，并要妥善保存好，不得涂改、撕毁。交部门保存以备待查。

严格按照“上不清下不接”的原则进行交接班，即对于上一班工作中该处理的问题没有处理完毕，下一班人员不进行接班。

5.3.3 例会制度

（1）加气站每周召开一次例会，临时出现特殊原因需要延期召开的，应提前通知，遇重大问题可临时召开紧急会议。会议应有专门记录，每次会议的相关资料、记录列入档案保存。

（2）应及时分析生产形势与问题，传递生产指令，沟通管理信息，根据生产任务，讨论安排有关工作。

（3）因出差等特殊原因不能参加例会的人员，应提前向站长请假。

（4）所有参加例会的人员应提前5min到达会议室。

（5）所有参加例会的人员应将手机关机或设为振动。

（6）由会议主持人控制会议的进程，力求合理分配时间，有效形成决议。防止在某一提案上展开长时间的辩论，并提醒与会人员不要再回到已经有决议的提案。

（7）由会议主持人控制会议的内容，保证会议能够围绕主题、突出重点。

5.3.4 巡检制度

（1）巡检内容

1）日检

①设备有无“跑、冒、滴、漏”情况，如有问题及时处理。

②加气岛：管路连接部位有无漏气现象，接地线是否牢固，加气软管的放置是否合理。

③增压系统、气动系统及槽车：检查管路连接部位、各阀门有无漏气、漏油现象，并记录压力、温度、油位等参数。各零部件是否牢靠。

④消防器材：各处消防器材是否齐备、灭火器压力是否合格。

⑤各部位卫生情况：由班长巡查，协调各班长做好卫生工作。

⑥在值班记录上详细记录检查情况。

2）周检

①完成日检应检查的内容。

②增压系统和气动系统：设备的清洁卫生情况；工艺管道及设备有无漏气；工艺管道及设备上所有阀门是否灵活可靠；各种计量表、压力表、温度计是否准确完好。

③仪表间：配电柜、中控台上仪表及指示灯是否正常完好；配电柜内电源裸露部位是否有异物；各触点接触是否灵敏。

④调压间：所有设备管道的查漏（用肥皂水）；所有阀门启动是否灵活；报警器、轴流风机是否灵敏。

⑤消防设备：消火栓、消防水带、灭火器是否齐备；消火栓、消防水泵启动是否正常；检查时对消防设备进行清洁整理。

⑥在值班记录上详细记录检查情况。

⑦周检一般在周一进行。

（2）巡检方法

应按巡回检查路线处、点检查，同时携带便携式可燃气体检测仪器检漏，并做到看、听、摸、闻。

（3）巡回检查过程中一旦发现异常情况应及时处理，对生产影响较大而处理不了的及时向领导汇报。

（4）巡回检查结束后，应将巡回检查及事故处理情况详细认真地填写在“巡检记录”上，并编辑表格，内容包括故障点、原因、整改人、时间、效果。

5.3.5 设备管理制度

（1）操作人员对设备必须做到“四懂三会”，即懂结构、懂原理、懂性能、懂用途、会使用、会维护保养、会排除故障。

（2）按照操作规程正确使用设备，做到启动前认真准备确认，启动后反复检查，停车后妥善处理，严禁设备泄漏、超压、超负荷运行。

（3）设备日常维护实行定人、定期保养，做到“三勤一定”，即勤检查、勤保养、勤擦扫、定时准确记录。

（4）合理利用“听、推、擦、看、比”五字操作法，定时定点检查设备的声响、压力、温度、振动、油位、液位、紧固等情况的变化，发现问题及时处理，记录并及时上报。

（5）设备添加、增加加臭剂、更换润滑油、防冻液等要严格按照定人、定点、定质、定时、定量“五定”工作，油品添加更换工作严格按“三级过滤”原则进行。

（6）定时对设备、电器、仪器仪表和安全防护装置进行维护保养，确保其安全可靠运行。

（7）夏季做好设备散热保冷工作，冬季做好设备防冻保温工作。

（8）维护设备做到不见脏、乱、锈、缺、漏，设备内外、生产场地清洁达到“三无”，即无油污、无积尘、无杂物。

（9）严格按安全操作规程操作设备，严禁超负荷使用设备。

（10）设备的日常保养由岗位操作人员负责，小、中、大修由专业人员负责，使设备保持良好的技术状态，并认真填写设备维护修养记录。

（11）压力容器和防爆设备，应严格按照国家有关法律法规进行使用，并按规定的检验周期定期进行校验。

（12）LNG 储罐的静态蒸发率、夹层真空度应定期检测，储罐基础完好状况应定期检查，立式 LNG 储罐的垂直度应定期检测。

（13）储罐、管道上的安全附件（安全阀、压力表、液位计等）及增压阀、降压调节阀应完好可用，并应定期检验合格。

5.3.6 进站人员管理制度

（1）进站人员必须遵守站内各项管理规定。

（2）严禁在站区内吸烟或使用明火。

(3) 严禁携带火种、易燃易爆物品进站。

(4) 进入站区的人员、车辆必须接受值班人员的监督检查。

(5) 进入加气站生产区的非工作人员（参观人员除外），需持有本人有效证件或公司安全部门审批的许可证方可进入。

(6) 参观人员需持有上级主管部门签发的介绍信，并需有公司人员陪同方可进站。

(7) 除停放在停车场内的车辆外，其他所有进站车辆必须加戴防火帽。

(8) 严禁穿钉鞋进站，进入生产区一律穿防静电服装。

(9) 进入加气站生产区内必须关闭传呼机、手机。

(10) 加气站内禁止拨打手机。

(11) 未经同意，禁止动用站内任何消防设施和工具。

(12) 未经公司批准，站内禁止拍照和录像。

(13) 机动车辆进入生产区需加戴防火帽或熄火进入站内。

(14) 外来办事车辆必须按指定位置停放，不得随意停放。

(15) 外来车辆进入站区必须进行登记，出站时要主动接受检查，经检查后方可出站。

(16) 需要进入站区内施工的车辆，要携带上级主管部门颁发的进站施工许可证，加戴防火帽后进入站区，必须停放在施工规定区域内。

(17) 驾驶人员要严格执行进站人员管理规定，严禁在站区内随意走动。严禁随车携带无关人员进入站区。

(18) 参观人员必须将火种、易燃易爆物品交值班人员存放，将手机、传呼机等通信工具关闭。

(19) 参观人员应按照指定或带领的路线参观，未经陪同人员许可，不得随意在站内走动或动用站内任何设施。

5.3.7 安全标志管理制度

(1) 安全标志是指在人员容易产生错误而造成事故的场所，为了确保安全，提醒人员注意所采用的一种特殊标志。

(2) 安全标志对生产中的不安全因素起警示作用，以提醒所有人员对不安全因素的注意，预防事故的发生。

(3) 公司在生产、施工、运营过程中必须按国家、行业有关规定及视现场安全情况设置必要的安全标志。

(4) 重点防护部位、作业点必须设置安全标志。

(5) 安全标志不得随便挪动、破坏。

(6) 定期检查安全标志，及时更换、维修安全标志。

(7) HSE管理办公室负责对各加气站安全标志进行检查、监督，对没有按规定树立安全标志的加气站进行处罚，并限期整改。

5.3.8 消防安全管理制度

(1) 建立健全消防组织，明确防火责任人，并报上级部门备案，人员变动时，要及时补报。

（2）成立义务消防队，按计划组织训练和灭火演习，根据情况每年不少于4次。

（3）按时认真检查消防器材、消防水量，每天检查一次，水量不足时要及时补上。

（4）消防水泵每年6月至9月试运行一次，10月到次年5月每两个月试运行一次。

（5）消防泵、消防给水管在冬季试运行后必须及时把水排净防止冻坏设备管线。

（6）喷淋水泵系统，每年5月中旬至6月上旬检查一次。

（7）消防水带、水枪及大闸扳手应时刻保证完好，由专人负责旋转整齐，不准挪作他用，消防演习后，要把水龙带刷净晒干，每年检查一次。

（8）消防水枪每年10月上旬开始保温，春季进行处理，不准埋压、圈占，每人负责的消防器材必须按规定维护、护理。

5.3.9 储罐区安全管理制度

（1）非站内工作人员严禁进入储罐区。

（2）当需要在储罐区进行设备维修、改造而动火作业时，应办理动火作业批准手续，否则不得进行动火作业。

（3）储罐严禁超量储存，正常储存液位应控制在20%～90%（体积分数）之间，储罐不得长期在低于20%（体积分数）的液位下运行。

（4）管道或储罐进行放空操作时，必须经放空管引至高空放散，不得就地放散。低温气体要经加热处理至常温后方可高空放散。

（5）储罐最高工作压力不得超过0.8MPa。当储罐压力上升至0.8MPa时，要打开储罐上的手动放空阀将LNG气体放散至BOG储罐或工艺管道内储存。

（6）在输送LNG过程中严禁敲打或用火烤管道的冻结部位，也不得用水喷洒这些部位。

（7）液相管道两阀门间不得存有LNG液体。当存有液体时要在关闭两端阀门的同时对该管段进行放散，防止管道超压运行。

（8）储罐排液完毕，要保证罐内至少留有0.1MPa（表压）余压，保证储罐正压运行。

（9）储罐区消防设施（储罐喷淋水系统、储罐干粉灭火系统、高倍泡沫灭火系统、简易灭火器材等）要保证完好可用。

（10）当发现LNG泄漏时，应视泄漏情况及时抢修处理。

5.3.10 压力容器及安全附件管理制度

1. 压力容器的定义、使用管理和定期检验要求

压力容器的使用和管理必须符合《压力容器安全技术监察规程》、《在用压力容器检验规程》和《压力容器使用登记管理规定》。

（1）压力容器的定义

根据《压力容器安全技术监察规程》的要求，同时具备下列三个条件的容器均属于压力容器：

1）最高工作压力大于等于0.1MPa；

2）内径大于等于0.15m，且容积大于等于0.25m^3；

3）介质为气体、液化气体或最高工作温度大于等于标准沸点的液体。

（2）压力容器的使用管理要求

1）登记注册：每个压力容器在投入使用之前，必须到宁夏技术监督局锅炉压力容器安全监察处（简称“当地安全监察处”）办理使用登记手续，并领取该容器的使用许可证。如将某压力容器移装了其他地方，移装前，应在当地安全监察处办理该容器的使用注销手续

2）管理要求：每个压力容器应建立包含如下内容的技术档案（详见《压力容器安全技术监察规程》）：

①压力容器登记卡；压力容器使用证；

②包含设计图样、强度计算书在内的设计技术文件；必要时还应包括设计或安装、使用说明书；

③包含竣工图纸、产品质量证明书、安全质量监督检验证书以及受压元件质量证明书在内的制造、安装技术文件和资料；

④检验、检测记录以及有关检验的技术文件和资料；

⑤修理方案、实际修理情况记录以及有关技术文件和资料；

⑥压力容器技术改造的方案、图纸、材料质量证明书、施工质量检验技术文件和资料；

⑦安全附件检验、修理、更换记录；

⑧有关事故的记录资料和处理报告。

（3）压力容器的定期检验要求

每个压力容器均必须经过定期检验。定期检验分为下列三部分：

1）外部检验：是指在压力容器运行中的定期在线检验，每年至少一次。公司安全环保部应对所有压力容器作外部检验。外部检验内容应包括如下内容：

压力容器的本体、接口部位、焊接接头等是否存在裂纹、变形、泄漏等；

压力容器外壁是否“冒汗”；压力是否异常快速升高；

与压力容器相连的管道是否变形；

保温层是否破损、脱落、潮湿、跑冷；

压力容器与相邻管道或构件是否存在异常振动、响声、相互摩擦

检查压力表、安全阀等安全附件是否经定期校验、是否处于正常工作态；

检查支承或支座是否损坏，基础有否下沉、倾斜、开裂以及紧固螺栓是否损坏并存在安全隐患；

外表面油漆是否脱落、是否存在腐蚀现象。

2）内外部检验：安全状况等级（由技监局评定）为1、2级的，每隔6年至少一次，由锅炉压力容器检验所检验人员负责检验。目前，我站压力容器的安全状况等级都被定为一级，因此，投用后首次内外部检验为3年一次，以后，内外部检验则每隔6年一次。

3）耐压试验：指容器停机检验时，所进行的超过最高工作压力的液压试验或气压试验。对于储罐，每两次内外部检验周期内，至少进行一次耐压试验。

注意：上述耐压试验周期是对正常运行的压力容器。对于停止使用两年后，无论该容器具有多高的崭新程度，投用前，当地安全检察处锅炉压力容器检验所除了对容器进行内外部检查外，还将进行耐压试验。

2. 安全阀的定期校验

(1) 所有压力容器、管道上的安全阀，必须每半年至少校验一次。

(2) 安全阀校验过程中，校验人员应及时做好记录。对校验合格的安全阀应进行铅封。

3. 压力表的定期校验

(1) 厂内压力容器、管道等设备上的压力表，必须每半年至少校验一次。

(2) 校验合格的压力表，应进行铅封，并标明本次校验和下次检验日期。

5.4 储配站检查表

燃气储配站外审检查表（外审即安监、消防等政府监督监管单位检查审查）见表5-1；LNG储配站检查表见表5-2；天然气管道设施检查表见表5-3；通信系统设施设备检查表见表5-4。

燃气储配站外审检查表 **表5-1**

评价单元	评价内容	评价方法	评价标准	分值
一、周边环境	1. 场站所处的位置应符合规划要求	查阅当地最新规划文件	不符合不得分	1
	2. 周边防火间距及道路条件应能满足运输、消防、救护、疏散等要求	现场检查	大型消防车辆无法到达不得分；道路狭窄或路面质量较差但大型消防车辆勉强可以通过扣1分	2
	3. 站内燃气设施与站外建（构）筑物的防火间距应符合下列要求：	—	—	—
	(1) 储气罐与站外建（构）筑物的防火间距应符合现行国家标准《建筑设计防火规范》GB 50016—2014的相关要求	现场测量	一处不符合不得分	8
	(2) 露天或室内天然气工艺装置与站外建（构）筑物的防火间距应符合现行国家标准《建筑设计防火规范》GB 50016—2014中甲类厂房的相关要求	现场测量	一处不符合不得分	4
	(3) 储配站高压储气罐的集中放散装置与站外建（构）筑物的防火间距应符合现行国家标准《城镇燃气设计规范》GB 50028—2006的相关要求	现场测量	一处不符合不得分	4

续表

评价单元	评价内容	评价方法	评价标准	分值
一、周边环境	4. 周边应有良好的消防和医疗救护条件	实地测量或图上测量	10km 路程内无消防队扣 0.5 分；10km 路程内无医院扣 0.5 分	1
	5. 环境噪声应符合现行国家标准《工业企业厂界环境噪声排放标准》GB 12348—2008 的相关要求	现场测量或查阅环境检测报告	超标不得分	1
二、总平面布置	1. 储配站总平面应分区布置，即分为生产区和辅助区	现场检查	无明显分区不得分	1
	2. 周边应设有非燃烧体围墙，围墙应完整、无破损	现场检查	无围墙不得分；围墙破损扣 0.5 分	1
	3. 站内建（构）筑物之间的防火间距应符合下列要求：	—	—	—
	（1）储气罐与站内建（构）筑物的防火间距应符合现行国家标准《城镇燃气设计规范》GB 50028—2006 的相关要求	现场测量	一处不符合不得分	8
	（2）站内露天工艺装置区边缘距明火或散发火花地点不应小于 20m，距办公、生活建筑不应小于 18m，距围墙不应小于 10m	现场测量	一处不符合不得分	4
	（3）高压储气罐设置的集中放散管与站内建（构）筑物的防火间距应符合现行国家标准《城镇燃气设计规范》GB 50028—2006 的相关要求	现场测量	一处不符合不得分	4
	4. 储配站数个固定容积储气罐的总容积大于 200000m³ 时，应分组布置，组与组和罐与罐之间的防火间距应符合现行国家标准《城镇燃气设计规范》GB 50028—2006 的相关要求	现场测量	一处不符合不得分	4

续表

评价单元	评价内容	评价方法	评价标准	分值
三、站内道路交通	1. 储配站生产区宜设有2个对外出口，并宜位于场站的不同方位，以方便消防救援和应急疏散	现场检查	只有一个对外出口的不得分；有两个对外出口但位于同一侧不利于消防救援和应急疏散的扣1分	2
	2. 储配站生产区应设置环形消防车道，消防车道宽度不应小于3.5m，消防车道应保持畅通，无阻碍消防救援的障碍物	现场检查	储配站生产区未设置环形消防车道不得分；消防车道宽度不足扣2分；消防车道或回车场上有障碍物扣2分	4
	3. 应制定严格的车辆管理制度，无关车辆禁止进入场站生产区，如确需进入，必须配备阻火器	现场检查并查阅车辆管理制度文件	无车辆管理制度不得分；生产区内发现无关车辆且未配备阻火器不得分；门卫未配备阻火器但生产区内无无关车辆扣0.5分	1
四、燃气质量	1. 应当建立健全燃气质量检测制度。天然气的气质应符合现行国家标准《天然气》GB 17820—2012的第一类或第二类气质指标；人工煤气的气质应符合现行国家标准《人工煤气》GB/T 13612—2006的相关要求	查阅气质检测制度和气质检测报告	无气质检测制度不得分；不能提供气质检测报告或检测结果不合格不得分	2
	2. 当燃气无臭味或臭味不足时，门站或储配站内应设有加臭装置，并应符合下列要求	—	—	—
	（1）加臭剂的质量合格	查阅质量合格证明文件	不能提供质量合格证明文件不得分	1
	（2）加臭量应符合现行行业标准《城镇燃气加臭技术规程》CJJ/T 148—2010的相关要求，实际加注量与气体流量相匹配，并定期检测	查阅加臭量检查记录并在靠近用户端的管网取样抽测	现场抽测不合格不得分；无加臭量检查记录扣2分	4
	（3）加臭装置运行稳定可靠	现场检查并查阅运行记录	运行不稳定不得分	1
	（4）无加臭剂泄漏现象	现场检查	存在泄漏现象不得分	2
	（5）存放加臭剂的场所应确保阴凉通风，远离明火和热源，远离人员密集的办公场所	现场检查	加臭剂露天存放，放置在人员密集的办公或生活用房，放置在靠近厨房、变配电间、发电机间均不得分	2

续表

评价单元	评价内容	评价方法	评价标准	分值
五、储气设施	1. 储气罐罐体应完好无损，无变形裂缝现象，无严重锈蚀现象，无漏气现象	现场检查	有漏气现象不得分；严重锈蚀扣 6 分；锈蚀较重扣 4 分；轻微锈蚀扣 2 分	8
	2. 储气罐基础应稳固，每年应检测储气罐基础沉降情况，沉降值应符合安全要求，不得有异常沉降或由于沉降造成管线受损的现象	现场检查并查阅沉降检测报告	未定期检测沉降不得分；有异常沉降但未进行处理不得分	1
	3. 低压湿式储气罐的运行应符合下列要求：	—	—	—
	(1) 寒冷地区应有保温措施，能有效防止水结冰	现场检查	有冰冻现象不得分；一处保温措施有缺陷扣 0.5 分	2
	(2) 储气罐的附属升降机、电梯等特种设备应定期检测，检测合格后方可继续使用	查阅检测报告	一台未检测或检测过期扣 0.5 分	1
	4. 高压储气罐应符合下列要求：	—	—	—
	(1) 应定期检验，检验合格后方可继续使用	查阅检验报告	未检验不得分	4
	(2) 应严格控制运行压力，严禁超压运行	现场检查	压力保护措施缺失一项扣 2 分	4
	(3) 放散管管口高度应高出距其 25cm 内的建（构）筑物 2m 以上，且不得小于 10m	现场检查	不符合不得分	4
六、安全阀与阀门	1. 安全阀外观应完好，在校验有效周期内；阀体上应悬挂校验铭牌，并注明下次校验时间，校验铅封应完好	现场检查并查阅校验报告	一只安全阀未校验或铅封破损扣 2 分；一只安全阀外观严重锈蚀扣 1 分	4
	2. 安全阀与被保护设施之间的阀门应全开	现场检查	有一处关闭不得分；有一处未全开扣 1 分	2
	3. 阀门外观无损坏和严重锈蚀现象	现场检查	有一处损坏或严重锈蚀扣 0.5 分	2

续表

评价单元	评价内容	评价方法	评价标准	分值
六、安全阀与阀门	4. 不得有妨碍阀门操作的堆积物	现场检查	有一处堆积物扣0.5分	1
	5. 阀门应悬挂开关标志牌	现场检查	一只未挂标志牌扣0.5分	1
	6. 阀门不应有燃气泄漏现象	现场检查	存在泄漏现象不得分	4
	7. 阀门应定期检查维护，启闭应灵活	现场检查并查阅检查维护记录	不能提供检查维护记录不得分；一只阀门存在启闭不灵活扣1分	2
七、过滤器	1. 过滤器外观无损坏和严重锈蚀现象	现场检查	过滤器有一处损坏或严重锈蚀扣1分	2
	2. 应定期检查过滤器前后压差，并及时排污和清洗	现场检查并查阅维护记录	无过滤器维护记录或现场检查出一台过滤器失效扣1分	2
	3. 过滤器排污和清洗废弃物应妥善处理	现场检查并查阅操作规程	无收集装置或无处理记录不得分	1
八、工艺管道	1. 管道外表应完好无损，无腐蚀迹象，外表防腐涂层应完好，管道应有色标和流向标志	现场检查	一处严重锈蚀扣1分；管道无标志扣0.5分	2
	2. 管道和管道连接部位应密封完好，无天然气泄漏现象	现场检查	存在泄漏现象不得分	2
	3. 进出站管线与站外设有阴极保护装置的埋地管道相连时，应设有绝缘装置，绝缘装置的绝缘电阻应每年进行一次测试，绝缘电阻不应低于1MΩ	查阅绝缘电阻检测报告	无绝缘装置，超过1年未检测绝缘电阻或检测电阻值不合格均不得分	1
九、仪表自控系统	1. 压力表应符合下列要求：	—	—	—
	（1）压力表外观应完好	现场检查	一只表损坏扣0.5分	2
	（2）压力表应在检定周期内，检定标签应贴在表壳上，并注明下次检定时间，检定铅封应完好无损	现场检查并查阅压力表检定证书	一只表未检定或铅封破损扣2分；一只表标签脱落或看不清扣0.5分	4
	（3）压力表与被测量设备之间的阀门应全开	现场检查	一只阀门未全开扣0.5分	1

续表

评价单元	评价内容	评价方法	评价标准	分值
九、仪表自控系统	2. 站内爆炸危险厂房和装置区内应设置燃气浓度检测报警装置	现场检查并查阅维护记录	一处未安装燃气浓度检测报警装置或未维护扣1分	2
	3. 现场计量测试仪表的设置应符合现行国家标准《城镇燃气设计规范》GB 50028—2006 的相关要求，仪表的读数应在工艺操作要求范围内	现场检查并查阅工艺操作手册	缺少一处计量测试仪表或读数不在工艺操作要求范围内扣0.5分	2
	4. 控制室的二次检测仪表的显示和累加等功能应符合现行国家标准《城镇燃气设计规范》GB 50028—2006 的相关要求，其数值应在工艺操作要求范围内	现场检查并查阅工艺操作手册	缺少一处检测仪表或读数不在工艺操作要求范围内扣0.5分	2
	5. 报警连锁功能的设置应符合现行国家标准《城镇燃气设计规范》GB 50028—2006 的相关要求，各种报警连锁系统应完好有效	现场检查	缺少一种报警连锁功能或报警连锁失灵扣1分	4
	6. 运行管理宜采用计算机集中控制系统	现场检查	未采用计算机集中控制系统不得分	1
十、消防与安全设施	1. 工艺装置区应通风良好	现场检查	达不到标准不得分	2
	2. 应按现行行业标准《城镇燃气标志标准》CJJ/T 153—2010 的相关要求设置完善的安全警示标志	现场检查	一处未设置安全警示标志扣0.5分	2
	3. 消防供水设施应符合下列要求：	—	—	—
	（1）应根据储罐容积和补水能力按照现行国家标准《城镇燃气设计规范》GB 50028—2006 的相关要求核算消防用水量，当补水能力不能满足消防用水量时，应设置适当容量的消防水池和消防泵房	现场检查并核算	补水能力不足且未设消防水池不得分；设有消防水池但储水量不足扣2分	4
	（2）消防水池的水质应良好，无腐蚀性，无漂浮物和油污	现场检查	有油污不得分；有漂浮物扣0.5分	1

续表

评价单元	评价内容	评价方法	评价标准	分值
十、消防与安全设施	（3）消防泵房内应清洁干净，无杂物和易燃物品堆放	现场检查	不清洁或有杂物堆放不得分	1
	（4）消防泵应运行良好，无异常振动和异响，无漏水现象	现场检查	一台消防泵存在故障扣0.5分	2
	（5）消防供水装置无遮蔽或阻塞现象，站内消火栓水阀应能正常开启，消防水管、水枪和扳手等器材应齐全完好，无挪用现象	现场检查	一台消火栓水阀不能正常开启扣1分；缺少或遗失一件消防供水器材扣0.5分	2
	4. 工艺装置区、储罐区等应按现行国家标准《城镇燃气设计规范》GB 50028—2006的相关要求设置灭火器，灭火器不得埋压、圈占和挪用，灭火器应按现行国家标准《建筑灭火器配置验收及检查规范》GB 50444—2008的相关要求定期进行检查、维修，并按规定年限报废	现场检查并查阅灭火器的检查和维修记录	一处灭火器材设置不符合要求扣1分；一只灭火器缺少检查和维修记录扣0.5分	4
	5. 站内爆炸危险场所的电力装置应符合现行国家标准《爆炸危险环境电力装置设计规范》GB 50058—2014的相关要求	现场检查	一处不合格不得分	4
	6. 建（构）筑物应按现行国家标准《建筑物防雷设计规范》GB 50057—2010的相关要求设置防雷装置并采取防雷措施，爆炸危险环境场所的防雷装置应当每半年由具有资质的单位检测一次，保证完好有效	现场检查并查阅防雷装置检测报告	未设置防雷装置不得分；防雷装置未检测不得分；一处防雷检测不符合要求扣2分	4
	7. 应配备必要的应急救援器材，值班室应设有直通外线的应急救援电话，各种应急救援器材应定期检查，保证完好有效	现场检查	缺少一样应急救援器材或一处不合格扣0.5分	2

续表

评价单元	评价内容	评价方法	评价标准	分值
十一、公用辅助设施	1. 供电系统应符合现行国家标准《供配电系统设计规范》GB 50052—2009“二级负荷”的要求	现场检查	达不到二级负荷不得分	4
	2. 变配电室的地坪宜比周围地坪相对提高，应能有效防止雨水的侵入	现场检查	低于周围地坪或与周围地坪几乎平齐均不得分	1
	3. 变配电室应设有专人看管；若规模较小，无人值守时，应有防止无关人员进入的措施；变配电室的门、窗关闭应密合；电缆孔洞必须用绝缘油泥封闭，与室外相通的窗、洞、通风孔应设防止鼠、蛇类等小动物进入的网罩	现场检查	无关人员可自由出入不得分；有一处未密封或有孔洞扣0.5分	1
	4. 变配电室内应设有应急照明设备，且应完好有效	现场检查	无应急照明设备不得分；一盏应急照明灯不亮扣0.5分	1
	5. 电缆沟上应盖有完好的盖板	现场检查	一处无盖板或盖板损坏扣0.5分	1
	6. 当气温低于0℃时，设备排污管、冷却水管、室外供水管和消火栓等暴露在室外的供水管和排水管应有保温措施	现场检查	一处未进行保温扣0.5分	1

LNG储配站检查表 **表5-2**

评价单元	评价内容	评价方法	评价标准	分值
一、现场环境	1. 调压装置不应安装在易受碰撞或影响交通的位置	现场检查	一处安装位置不当扣1分	2
	2. LNG和相对密度大于0.75燃气的调压装置不得设于地下室、半地下室和地下单独的箱体内	现场检查	不合格不得分	4
	3. 调压站和调压装置与其他建(构)筑物的水平净距应符合现行国家标准《城镇燃气设计规范》GB 50028—2006的相关要求	现场测量	一处不符合不得分	8
	4. 调压装置的安装高度应符合现行国家标准《城镇燃气设计规范》GB 50028—2006的相关要求	现场检查	一处高度不符合要求扣0.5分	1
	5. 地下调压箱不宜设置在城镇道路下	现场检查	一处处于道路下扣0.5分	1
	6. 设有悬挂式调压箱的墙体应为永久性实体墙，墙面上应无室内通风机的进风口，调压箱上方不应有窗和阳台	现场检查	一处安装位置不当扣1分	2
	7. 设有调压装置的公共建筑顶层的房间应靠建筑外墙，贴邻或楼下应无人员密集房间	现场检查	一处不符合要求扣0.5分	1
	8. 相邻调压装置外缘净距、调压装置与墙面之间的净距和室内主要通道的宽度均宜大于0.8m，通道上应无杂物堆积	现场检查	一处间距不足扣1分	2
	9. 调压器的环境温度应能保证调压器的活动部件正常工作	现场检查	当调压器出现异常结霜或冰堵现象时不得分	1
	10. 调压站或区域性调压柜(箱)周边应保持消防车道通畅，无阻碍消防救援的障碍物	现场检查	消防车无法进入或有障碍物的不得分	1

续表

评价单元	评价内容	评价方法	评价标准	分值
二、设有调压装置的建筑	1. 设有调压装置的专用建筑与相邻建筑之间应为无门、窗、洞口的非燃烧体实体墙	现场检查	与相邻建筑物之间存在一处门、窗、洞口扣0.5分	1
	2. 耐火等级不应低于二级	现场检查	一处建筑达不到二级扣0.5分	1
	3. 门、窗应向外开启	现场检查	一处门、窗开启方向有误扣0.5分	1
	4. 平屋顶上设有调压装置的建筑应有通向屋顶的楼梯	现场检查	一处无楼梯扣0.5分	1
	5. 设有调压装置的专用建筑室内地坪应为撞击时不会产生火花的材料	现场检查	一处不符合要求扣0.5分	1
三、调压器	1. 调压箱、调压柜、调压器的设置应稳固	现场检查	一处不稳固扣1分	2
	2. 调压器外表应完好无损，无油污、腐蚀锈迹等现象	现场检查	外表有一处损伤、油污、锈蚀现象扣0.5分	2
	3. 调压器应运行正常，无喘息、压力跳动等现象，无燃气泄漏情况	现场检查	有燃气泄漏现象不得分；调压器有非正常现象一处扣2分	8
	4. 调压器的进口压力应符合现行国家标准《城镇燃气设计规范》GB 50028—2006的相关要求	现场检查	一台调压器超压运行扣4分	8
	5. 调压器的出口压力严禁超过下游燃气设施的设计压力，并应具有防止燃气出口压力过高的安全保护装置，安全保护装置的启动压力应符合设定值，切断压力不得高于放散系统设定的压力值	现场检查	一处未设置扣4分；一处启动压力不符合设定值扣2分；一处切断压力高于放散压力扣2分	8
	6. 调压器的进口管径和阀门的设置应符合现行国家标准《城镇燃气设计规范》GB 50028—2006的相关要求	现场检查	一处不符合扣0.5分	1

续表

评价单元	评价内容	评价方法	评价标准	分值
三、调压器	7. 调压站或区域性调压柜（箱）的环境噪声应符合现行国家标准《声环境质量标准》GB 3096—2008 的相关要求	现场测量或查阅环境检测报告	超标不得分	1
	8. 调压装置的放散管管口高度应符合下列要求：	—	—	—
	（1）调压站放散管管口应高出其屋檐 1.0m 以上	现场测量	不符合不得分	4
	（2）调压柜的安全放散管管口距地面的高度不应小于 4m	现场测量	不符合不得分	4
	（3）设置在建筑物墙上的调压箱的安全放散管管口应高出该建筑物屋檐 1.0m	现场检查	缺一个阀门不得分	4
四、安全阀与阀门	1. 高压和次高压燃气调压站室外进、出口管道上必须设置阀门	现场检查	缺少一个阀门不得分	4
	2. 中压燃气调压站室外进口管道上，应设置阀门	现场检查	无阀门不得分	4
五、消防与安全设施	1. 设有调压器的箱、柜或房间应有良好的通风措施，通风面积和换气次数应符合现行国家标准《城镇燃气设计规范》GB 50028—2006 的相关要求，受限空间内应无燃气积聚	现场测量	一处燃气浓度超标扣 2 分；一处通风措施不符合要求扣 1 分	8
	2. 应按现行行业标准《城镇燃气标志标准》CJJ/T 153—2010 的相关要求设置完善的安全警示标志	现场检查	一处未设置安全警示标志扣 0.5 分	2
	3. 调压装置区应按现行国家标准《城镇燃气设计规范》GB 50028—2006 的相关要求设置灭火器，灭火器不得埋压、圈占和挪用，灭火器应按现行国家标准《建筑灭火器配置验收及检查规范》GB 50444—2008 的相关要求定期进行检查、维修，并按规定年限报废	现场检查并查阅灭火器的检查和维修记录	一处缺少灭火器材扣 1 分；一只灭火器缺少检查和维修记录扣 0.5 分	4

续表

评价单元	评价内容	评价方法	评价标准	分值
五、消防与安全设施	4. 设有调压装置的专用建筑室内电气、照明装置的设计应符合现行国家标准《爆炸危险环境电力装置设计规范》GB 50058—2014 中1区设计的规定	现场检查	一处不合格不得分	2
	5. 设于空旷地带的调压站或采用高架遥测天线的调压站应单独设置避雷装置，保证接地电阻值小于10Ω	现场检查并查阅防雷装置检测报告	无独立避雷装置的不得分；防雷装置未检测不得分；一处防雷检测不符合要求扣2分	4
	6. 调压装置周边应根据实际情况设置围墙、护栏、护罩或车挡，以防外界对调压装置的破坏	现场检查	一处未设置防护设施扣1分	4
	7. 设有调压器的柜或房间应有爆炸泄压措施，泄压面积应符合现行国家标准《城镇燃气设计规范》GB 50028—2006 的相关要求	现场测量并计算	一处无泄压措施扣1分；一处泄压面积不足扣0.5分	2
	8. 地下调压箱应有防腐保护措施，且应完好有效	现场检查	发现一处箱体腐蚀迹象扣0.5分	1
	9. 公共建筑顶层房间设有调压装置时，房间内应设置燃气浓度监测仪表及声、光报警装置。该装置应与通风设施和紧急切断阀连锁，并将信号引入该建筑物监控室	现场检查	一处设置不符合要求扣1分	2
	10. 调压装置应设有放散管，放散管的高度应符合现行国家标准《城镇燃气设计规范》GB 50028—2006 的相关要求	现场检查	一处未设放散管扣1分；一处放散管高度不足扣0.5分	2
	11. 地下式调压站应有防水措施，内部不应有水渍和积水现象	现场检查	发现一处积水扣1分；一处水渍扣0.5分	2
	12. 当调压站内、外燃气管道为绝缘连接时，调压器及其附属设备必须接地，接地电阻应小于100Ω	现场检查	一处未接地或接地电阻不符合要求扣1分	2

续表

评价单元	评价内容	评价方法	评价标准	分值
六、调压站的采暖	1. 调压室内严禁用明火采暖	现场检查	现场有明火采暖设备不得分	2
	2. 调压室的门、窗与锅炉房的门、窗不应设置在建筑的同一侧	现场检查	设置在同一侧不得分	1
	3. 采暖锅炉烟囱排烟温度严禁大于300℃	现场检查	超过不得分	2
	4. 烟囱出口与燃气安全放散管出口的水平距离应大于5m	现场测量	距离不足不得分	2
	5. 燃气采暖锅炉应有熄火保护装置或设专人值班管理	现场检查	无熄火保护装置不得分；有熄火保护但无专人值班扣1分	2
	6. 电采暖设备的外壳温度不得大于115℃，电采暖设备应与调压设备绝缘	现场测量	外壳温度超标扣1分；未绝缘扣1分	2

天然气管道设施检查表 **表 5-3**

评价单元	评价内容	评价方法	评价标准	分值
一、管道敷设	1. 地下管道与建（构）筑物或相邻管道之间的间距应符合现行国家标准《城镇燃气设计规范》GB 50028—2006的相关要求	查阅竣工资料并结合现场检查	一处不符合不得分	4
	2. 地下管道埋设的最小覆土厚度（地面至管顶）应符合现行国家标准《城镇燃气设计规范》GB 50028—2006的相关要求	查阅竣工资料并结合现场检查	一处埋深不符合要求扣1分	4
	3. 穿越、跨越工程应符合现行国家标准《油气输送管道穿越工程设计规范》GB 50423—2013和《油气输送管道跨越工程设计规范》GB 50459—2009的相关要求，安全防护措施应齐全、可靠	查阅竣工资料并结合现场检查	一处不符合要求扣1分	4
	4. 同一管网中输送不同种类、不同压力燃气的相连管道之间应进行有效隔断	现场检查	存在一处未进行有效隔断不得分	4

续表

评价单元	评价内容	评价方法	评价标准	分值
一、管道敷设	5. 埋地管道的地基土层条件和稳定性	调查管道沿线土层状况	液化土、沙化土或已发生土壤明显移动的，或经常发生山体滑坡、泥石流的不得分；沼泽、沉降区或有山体滑坡、泥石流可能的扣1分；土层比较松软，含水率较高，有沉降可能的扣0.5分	2
二、管道附件	1. 管道上的阀门和阀门井应符合下列要求：	—	—	—
	（1）在次高压、中压天然气管上，应设置分段阀门，并应在阀门两侧设置放散管。在燃气支管的起点处，应设置阀门	现场检查	少一处阀门扣2分	4
	（2）阀门井不应塌陷，井内不得有积水	现场检查	一处塌陷扣1分，一处有积水扣0.5分	2
	（3）直埋阀应设有护罩或护井	现场检查	一处阀门无护罩或护井扣1分；一处护罩或护井损坏扣1分	2
	2. 凝水缸应设有护罩或护井，应定期排放积水，不得有燃气泄漏、腐蚀和堵塞的现象及妨碍排水作业的堆积物，凝水缸排出的污水不得随意排放	查阅巡检记录并现场检查测试	有燃气泄漏现象不得分；一处凝水缸无护罩或护井扣0.5分；一处护罩或护井损坏，有腐蚀、堵塞、堆积物现象扣0.5分	2
	3. 调长器应无变形，调长器接口应定期检查，保证严密性，且拉杆应处于受力状态	查阅巡检记录并现场检查测试	有燃气泄漏现象不得分；一处调长器变形、拉杆位置不适宜扣0.5分	1
三、日常运行维护	1. 站员应对管道定期进行巡查，巡查工作内容应符合现行行业标准《城镇燃气设施运行、维护和抢修安全技术规程》GJJ 51—2016的相关要求	查阅巡线制度和巡线记录	无巡线制度不得分；巡线制度不完善扣4分；无完整巡线记录扣4分	8

续表

评价单元	评价内容	评价方法	评价标准	分值
三、日常运行维护	2. 对站周围居民进行宣传与教育	查阅相关资料并沿线走访调查	未印刷并发放安全宣传单扣0.5分；未举办广场或进社区安全宣传活动扣0.5分；未与政府和沿线单位举办燃气设施安全保护研讨会扣0.5分；未在报纸、杂志、电视、广播等媒体上登载安全宣传广告扣0.5分	2
	3. 埋地燃气管道弯头、三通、四通、管道末端以及穿越河流等处应有路面标志，路面标志的间隔不宜大于200m，路面标志不得缺损，字迹应清晰可见	查阅竣工资料并沿线检查	一处缺少标志、字迹不清或毁损扣1分	4
	4. 在燃气管道保护范围内，应无爆破、取土、动火、倾倒或排放腐蚀性物质、放置易燃易爆物品、种植深根植物等危害管道运行的活动	查阅竣工资料并沿线检查	存在上述可能危害管道的情况不得分	8
	5. 埋地燃气管道上不得有建筑物和构筑物占压	沿线检查	一处不符合不得分	8
	6. 地下燃气管道保护范围内有建设工程施工时，应由建设单位、施工单位和燃气企业共同制定燃气设施保护方案，燃气企业应当派专业人员进行现场指导和全程监护	查阅燃气设施保护方案、巡线记录和施工监护记录	未制定燃气设施保护方案不得分；燃气设施保护方案不全面扣4分；保护方案缺少一方参与的扣2分；未派专业人员现场指导和监护的不得分；有一次未全程监护扣4分	8
四、管道泄漏检查	1. 应制定完善的泄漏检查制度	查阅泄漏检查制度	无制度不得分	1
	2. 应配备专业泄漏检测仪器和人员	现场检查	未配备不得分	2
	3. 泄漏检查周期应符合现行行业标准《城镇燃气设施运行、维护和抢修安全技术规程》CJJ 51—2016的相关要求	查阅泄漏检查记录	水含量不合格扣1分；硫化氢含量不合格扣1分	2

续表

评价单元	评价内容	评价方法	评价标准	分值
五、管道腐蚀	1. 燃气气质指标应符合相关要求	查阅气质检测报告	水含量不合格扣1分；硫化氢含量不合格扣1分	2
	2. 暴露在空气中的管道外表应涂防腐涂层，防腐涂层应完整无脱落	现场检查	无防腐涂层不得分；有防腐涂层但严重脱落扣1.5分；有防腐涂层但有部分脱落扣1分	2
	3. 应对埋地钢质管道周围的土壤进行土壤电阻率分析，采用现行行业标准《城镇燃气埋地钢质管道腐蚀控制技术规程》GJJ 95—2013的相关评价指标对土壤腐蚀性进行分级	对土壤腐蚀性进行检测	土壤腐蚀性分级为强不得分；中扣1分；土壤细菌腐蚀性评价为强不得分；较强扣1.5分；中扣1分	2
	4. 埋地钢质管道外表面应有完好的防腐层，防腐层的检测应符合现行行业标准《城镇燃气埋地钢质管道腐蚀控制技术规程》GJJ 95—2013的相关要求	查阅防腐层检测报告	从未检测不得分；未按规定要求定期检测扣4分	8
	5. 埋地钢质管道应按现行国家标准《城镇燃气技术规范》GB 50494—2009的相关要求辅以阴极保护系统，阴极保护系统的检测应符合现行行业标准《城镇燃气埋地钢质管道腐蚀控制技术规程》GJJ 95—2013的相关要求	查阅阴极保护系统检测报告	没有阴极保护系统或从未检测不得分；未按规定要求定期检测扣4分	8
	6. 应定期检测埋地钢质管道附近的管地电位，确定杂散电流对管道的影响，并按现行行业标准《城镇燃气埋地钢质管道腐蚀控制技术规程》GJJ 95—2013的相关要求采取保护措施，并达到保护效果	现场检查并查阅检测记录和排流保护效果评价	无相应措施不得分；有措施但达不到要求扣2分	4

通信系统设施设备检查表 **表 5-4**

评价单元	评价内容	评价方法	评价标准	分值
一、系统运行指标	1. 服务器不能发生双机同时宕机	查阅运行记录	服务器发生双机同时宕机超过 5min 不得分；不超过 5min 扣 2 分	4
	2. 监控软件实时曲线和历史曲线不应有掉零、突变和中断等现象，打印机打字应清楚、字符完整	现场检查	每发现一处不正常现象扣 0.5 分	2
	3. 监控软件系统 85%的画面调阅响应时间应小于 3s	现场检查	任一个画面响应时间超标扣 0.5 分	1
	4. SCADA 数据响应时间应符合下列要求：	—	—	—
	（1）采用光纤通信，中心发出控制指令到现场设备动作时间<8s；现场采集数据和设备状态至画面显示时间为 5～8s	现场检查	任一项响应时间超标扣 0.5 分	2
	（2）采用无线通信，中心发出控制指令到现场设备动作时间<通信时间间隔+8s；现场采集数据和设备状态至画面显示时间为通信时间间隔+（5～8）s	现场检查	任一项响应时间超标扣 0.5 分	2
二、系统运行环境	1. SCADA 系统必须配置在线式不间断电源（UPS），UPS 在满负荷时应留有 40%的容量，市电中断后能维持系统正常运行不小于 4h	现场检查	未配置在线式 UPS 不得分；配置非在线式 UPS 扣 2 分；UPS 负荷大于 60%扣 2 分；UPS 供电时间小于 4h 扣 2 分	4
	2. 机房接地电阻应小于 1Ω，并应定期检测	查阅机房接地电阻检测记录	接地电阻不符合要求不得分；未定期检测扣 2 分	4
	3. 计算机房地面及设备应有稳定可靠的导静电措施	现场检查	一处不符合扣 1 分	2
	4. 计算机房应安装空调系统，保证空气的温度、湿度和清洁度符合设备运行的要求	现场检查	无空调系统不得分；有一项不符合扣 1 分	2
	5. 计算机房内的噪声应符合现行国家标准《电子信息系统机房设计规范》GB 50174—2008 的相关要求	现场检查	噪声超标不得分	1

续表

评价单元	评价内容	评价方法	评价标准	分值
三、网络防护	1. 局域网应安装网络版防病毒软件，且每周至少升级一次	现场检查	未安装防病毒软件不得分；未按时升级扣1分	2
	2. 局域网和公网接口处应安装硬件防火墙	现场检查	未安装不得分	2
四、运行维护管理	1. 调度中心应制定健全、可靠的规章制度	查阅规章制度	无规章制度不得分；缺少一种规章制度扣1分	2
	2. 任一台操作员工作站上都能正确显示并有事件记录，对应紧急切断阀动作或泄漏报警等严重事故有抢修记录	现场检查并查阅相关记录	有频繁误报或漏报现象不得分；存在个别误报或漏报现象扣2分；有严重事故报警记录，但没有抢修记录扣2分	4
	3. 应定期对系统及设备进行巡检，发现现场仪表与远传仪表的显示值、同管段上下游仪表的显示值以及远传仪表和控制中心的显示值不一致时，应及时处理	现场检查并查阅相关记录	显示值不一致不得分；无巡检记录不得分；巡检记录不全扣1分	2
	4. 有完善的设备硬件和软件维护记录	查阅维护记录	没有维护记录不得分；维护记录不全扣1分	2
五、通信网络架构与通道	1. 调度中心SCADA系统与远端站点通信系统应采用主备通信方式，其中主通信信道采用光纤通信，备通信信道采用无线通信	现场检查	只有无线通信方式扣3分；只有光纤通信方式扣1分	4
	2. 需要向中心传送视频信号的站点通信方式采用光纤通信	现场检查	未采用光纤通信不得分	1
	3. 采用无线通信的站点应有逢变上报功能	现场检查	中心数据在无线数据采集周期内没有发生变化不得分；中心数据在无线数据采集周期内发生变化，但时间大于8s扣2分	4

续表

评价单元	评价内容	评价方法	评价标准	分值
六、通信运行指标	1. 主通信电路运行率应达到考核要求，光纤大于99.98%	查阅相关记录	不符合不得分	1
	2. 调度中心通信设备月运行率应达到：光纤大于99.99%；无线通信大于99.99%；路由设备大于99.99%；交换设备大于99.85%	查阅相关记录	不符合不得分	1
	3. 无线通信应具有自动上线功能	现场检查	掉线后不能自动上线不得分	2
七、运行与维护管理	1. 通信运行维护管理体制及机构应健全、完善	查阅相关文件	一项不完善扣0.5分	2
	2. 应建立完善的通信运行监管系统	现场检查	无运行监管系统不得分；一项不健全扣1分	2
	3. 有完善的设备维护记录	查阅维护记录	无设备维护记录不得分；缺少一台设备的维护记录扣0.5分	2
	4. 不能出现由于通信设备故障影响SCADA系统正常运行或影响远程控制功能的现象	现场检查 并查阅相关记录	一年内发生一起重大通信事故造成SCADA数据丢失超过2h不得分；发生一起通信事故造成SCADA数据丢失小于2h扣2分	4

6 液化天然气储配站安全管理

天然气门站又称城市调压门站，是天然气长输干线或支线的终点站，是城市、工业区分配管网的气源站，在该站内接收长输管线输送来的燃气，经过过滤、调压、计量和加臭后送入城市或工业区的管网。天然气门站的安全平稳运行不仅关系到长输管线的安全运行和城市、工业区的用气安全，而且关系到用气城市的社会经济安全稳定。因此，加强天然气门站的安全管理，保证门站的连续安全平稳供气，是天然气公司工作的重中之重。

(1) 不断加强业务培训和技能培训，积极开展安全生产教育，提高职工业务素质。

职工业务技能培训是关系到企业长远发展的基础工作，开展职工技术业务培训，是使职工具有良好的文化科学知识素质，具有较高的实践操作技能，适应燃气企业安全平稳供气要求的基本保证。

1) 根据“先培训，后上岗”的原则，坚持对新职工进行“三级”安全教育并考试，成绩合格者方能进入岗位。

2) 对门站在岗人员开展各种形式的再教育活动。

①每周一安全例会后集中学习、现场讲解、模拟操作，其内容主要包括：工艺流程、生产任务和岗位责任制；设备、工具、器具的性能、操作特点和安全技术规程；劳动保护用品的正确使用和保养方法；典型事故教训和预防措施。

②根据门站工作特点，开展轮班出题、答题的学习方法，将《输气工》培训教材作为题库，由上一班人员出题，下一班人员答题。对答题过程中出现的问题和争议利用周一安全例会后的集中学习时间解决。

③参加公司的各项再教育培训活动和消防演练活动。

3) 不断完善抢险预案，定期组织职工在用气低峰时演练，增强在岗职工对突发事件的应急处理能力。

(2) 不断加强生产运行管理和设备运行管理，严格按照安全技术规程和工艺指标进行操作，确保设备运转正常。

不断强化安全生产管理工作，将门站各项安全规章制度、岗位安全操作规程上墙公布，要求职工对照执行，使安全工作责任化、制度化。

1) 落实防火责任制，认真做好消防检查制度：①班组安全员、岗位值班人员每天要做到三查，即上班后、当班时、下班前要进行消防检查。②夜班人员进行巡检，重点是火源、电源，并注意其他异常情况，及时消除隐患。③做好节假日及换季的安全检查，重点检查消防设备和防雷、防静电设施。保持机具清洁可靠，处于良好状态。

2) 实行岗位责任制，严格执行交接班制度，认真做好工艺区的日常维护与检查：①在岗人员服从值班领导指挥，完成各项生产任务。经常巡视，对调压器工况进行观察，注意噪声大小，有无漏气现象，切断阀是否关闭等。观察进出口压力表读数及流量计读数，以便掌握门站上下游负荷情况。注意过滤器压差值以便及时更换滤芯，防止滤芯堵塞严重而导致杂物进入调压器或影响调压器进口压力。观察加臭装置，做好加臭装置的维护保养，必须使加臭装置运行良好。根据运行经验，定期通过各设备的排污阀排污，定期将各截断阀启闭数次。②做好运行记录，保证数据齐全、准确。③当班人员遇到不能处理的情况时，及时向上级领导汇报，并做好详细记录。④认真搞好岗位卫生，达到沟见底、轴见光、设备见本色、场地清洁、窗明壁净。

3）根据制定的设备维修计划和设备在线运行情况做好门站的维修工作，保证设备完好率：①定期更换调压器、监控器、过滤器、切断阀及放散阀的全部非金属件。②清洁这些组件的内壁和内部零件。③检查各零件的磨损变形情况，必要时更换。④定期对工艺区设备予以除锈补漆。⑤设备安全阀、压力表、紧急放散阀等按规定定期校验。⑥对故障设备及时维修更换。

（3）探索供用气规律，加强联系沟通，协调上下游关系；建设调峰设施，提高输气能力，确保安全平稳供气。

城市天然气输配系统中的各类用户的用气量会随气候条件、生产装置和规模、人们的日常生活习惯等因素的变化而变化，但上游的供气量一般是均匀的，不可能完全随下游需用工况而变化，随着社会经济的快速发展，用气领域急剧扩大，用气结构不断变化，城市用气负荷及用气规律也随之不断变化。因此，准确可靠地掌握用气负荷及用气规律，采取各种措施解决调峰问题，对于确保安全平稳供气是很重要的。

1）积极做好历史用气量的统计，对下游各类用户的用气量进行调查分析，掌握其用气规律，并根据市场发展现状及需求运用科学的方法做出合理的预测。

2）根据实际运行情况与上游分输站和调度室及时沟通联系，为向城区安全平稳供气以及最大限度地发挥门站在用气高峰期的调峰作用打好基础。

站区防火防爆十大禁令：

（1）严禁在站内吸烟、打手机及携带火种和易燃、易爆、有毒、易腐蚀物品进站。

（2）严禁未按规定办理用火手续，在站内进行施工用火或生活用火。

（3）严禁穿易产生静电的衣服进入生产区及易燃易爆区工作。

（4）严禁穿带铁钉的鞋进入油气区及易燃易爆区。

（5）严禁用汽油等易挥发溶剂擦洗设备、衣服、工具及地面等。

（6）严禁未经批准的各种机动车辆进入生产区及易燃易爆区。

（7）严禁就地排放易燃易爆物料及化学品。

（8）严禁在油气区用黑金属或易产生火花的工具敲击和作业。

（9）严禁堵塞消防通道及随意挪用消防设施。

（10）严禁损坏站内各类防爆设施。

LNG 场站安全生产检查项目、内容见表 6-1；安全管理检查项目、内容见表 6-2。

LNG场站安全生产检查 **表6-1**

序号	项目	检查内容	检查结果
1	设备安全	1. 地沟盖板齐全、完整，排污、排油系统畅通	
		2. 直梯围拢完好无损。平台、走道、防护栏完好无损，无孔洞	
		3. 联轴器护罩不变形、联轴器完好	
		4. 机泵油杯不缺油	
		5. 设备基础、静电接地、扶梯平台等完好，标识清晰，无锈蚀、无检修垃圾等	
		6. 设备附件如压力表、液位计等完好	
		7. 高大设备腰、顶等处无杂物	
		8. 编制动设备动密封和动润滑一览表	
		9. 编制动设备检修规程一览表	
		10. 设备定期切换、盘车记录齐全；备用设备有盘车标色，操作与规定相符	
		11. 现场（设备、钢结构）的防腐设施应完好，对腐蚀严重的部位，应列入年度防腐计划或月修计划，并采取有效监控措施	
		12. 技改项目、设施或装置资料齐全，有运行监测记录	
		13. 设备台账齐全，检修维修记录完整	
		14. 安全阀按规定校验	
2	罐区安全	1. 接地台账齐全，接地设施齐全，接地设施按期检测并有记录	
		2. 接地井完好、无杂物，有编号	
		3. 储油罐的呼吸阀、阻火器应定期检查、维护	
		4. 连接管道的法兰连接处，应设金属跨接线（绝缘法兰除外）	
		5. 排污设施完好，有毒有害气体检测仪完好	
		6. 液位计、火灾报警设施完好	
3	工艺安全	1. 有盲板管理制度和标识，盲板台账齐全并与实际相符	
		2. 操作规程编写、审批手续齐全	
		3. 操作人员按照规定时间和路线要求进行巡检，并清楚巡检内容	
		4. 有密闭采样设施，不存在泄漏，现场无残液	
		5. 建立隐患台账、整改计划、风险评价制度和事故应急方案	
		6. 现场的跑、冒、滴、漏	
		7. 装置低负荷运行、重大隐患和重大危险源管理到位，档案齐全	
		8. 按时间节点完成节能指标	
		9. 按照要求进行操作，如超出指标范围及时调整	
		10. 安全阀、火炬等设施完整且正常投用	

LNG 场站安全管理检查 **表 6-2**

序号	项目	检查内容	检查结果
1	安全管理	1. 签订承包商安全环保合同，合同须在有效期内	
		2. 承包商（入厂、人员变动）教育培训符合规定，特种作业人员必须持证作业	
		3. 票证与实际相符，票证填写认真、无涂改	
		4. 高危作业票证审批签发程序正确，高处作业系挂安全带	
		5. 风向标设置合理，运行正常	
		6. 监护人或作业人员均持证上岗	
		7. 事故能在规定时间准确报告，事故分析、措施落实符合规定	
		8. 按照计划安排和演练方案开展了不同形式的各层次应急预案演练	
		9. 对含硫化氢等有毒气体部位进行明显标示与警示	
		10. 现场作业按要求佩戴防护用品	
		11. 现场按要求进行职业卫生监测并公示监测结果	
		12. 危险性作业培训到位，培训资料齐全	
2	消防安全	1. 消防安全宣传教育及培训是否按计划完成	
		2. 消防安全规定及责任制是否按要求落实	
		3. 消防安全重点单位档案是否按要求建立健全	
		4. 防火检查工作是否落实、记录是否按要求填写	
		5. 消防隐患和隐患整改及防范措施是否落实到位	
		6. 消防设施、器材配置是否得当，检查是否完好	
		7. 消防应急预案的制定和演练是否按要求完成	
3	化学危险品	1. 制定相应的落实办法	
		2. 化学危险品明细齐全，制定存取制度、规定	
		3. 化学危险品物化特性下发至岗位	
		4. 岗位人员熟知本岗位存在化学危险品的物化特性	
		5. 岗位人员熟知本岗位存放化学危险品的使用和防护	
		6. 岗位人员懂得基本的救护知识	
		7. 有化学危险品造成危害的应急预案	
		8. 应急预案每季度演练一次	
		9. 危险化学品库房设双人管理	
4	十大禁令	从业人员能口述，并严格执行	

续表

序号	项　目	检查项目	检查内容	检查结果
5	电气设备	制度	严格执行电力法规，管理制度健全	
		变配电间	1. 高压室钥匙按要求配备，严格管理	
			2. 主控室有模拟系统图，名称、编号与实际相符	
			3. 变压器间通风、接地良好，无渗漏油，油位、油温正常，无杂音	
			4. 防火、防水、防小动物措施落实，与防爆区有可靠的隔断措施	
			5. 接地线有编号，摆放整齐，拆装接地线有记录，标牌配备齐全	
			6. 按要求配备绝缘工具，定期试验有记录	
			7. 制定电器设施管理台账，定期对电器设施进行维护保养和检测，定期进行预防性测试	
		电缆安全	1. 电缆有阻燃措施	
			2. 电缆沟有防窜油气、防腐蚀、防水措施并落实	
			3. 变电所消谐装置、消弧装置有预防性试验，接地电阻测试正常	
			4、电缆桥架盖板完好	
6	仪表安全	仪表管理	1. 落实仪表巡回检查制度，发现故障及时消除，保证自控率90％，使用率、完好率达到95％	
			2. 一次表和二次表的指示应一致，误差在允许范围之内	
		连锁保护	1. 连锁分布图、定期维修校验记录、临时变更记录齐全	
			2. 连锁安装率、使用率、完好率达到100％	
			3. 连锁调试有记录，工艺和仪表部门调试后，双方签字	
		可燃气体检测仪	1. 布点、安装合理且达到安全规定	
			2. 报警值设定合理	
			3. 报警器安装率、使用率、完好率达到100％	
			4. 传感器探头完好，无腐蚀、无灰尘	
			5. 定期校验有记录	

6.1　储配站各岗位安全职责

6.1.1　储配站站长安全职责

（1）站长对本站安全生产全面负责。

（2）认真贯彻执行国家和企业的安全生产法令、规定、指示和有关规章制度，把职业安全卫生列入工作重要议事日程，做到“五同时”。

（3）树立“安全第一”的思想，落实加气站的各项管理制度。

（4）抓好员工的劳动纪律、消防安全、安全知识教育。

（5）每周组织一次全站安全检查，落实隐患整改措施，确保加气站的安全生产。

（6）掌握加气站的主要设备，熟悉其性能，了解工艺流程，做到正确指挥。

（7）掌握加气站的经营情况，负责协调工作中出现的各种问题。

（8）对加气站发生的事故及时报告和处理，坚持“四不放过”原则。

6.1.2 储配站班长安全职责

（1）在站长的领导下，负责组织和领导全班员工开展安全生产、各项经营、管理和服务工作。

（2）组织班、组员工学习并贯彻执行公司、部门各项安全生产规章制度和安全技术操作规程，教育员工遵纪守法，制止违章行为。

（3）认真落实各项安全制度，协助站长对本班员工及顾客进行安全教育，检查、监督各项安全措施的落实。

（4）负责对本班人员进行班前后教育，对作业中出现的违章现象及时纠正和处理，组织并参加安全活动，坚持班前讲安全、班中检查安全、班后总结安全。

（5）熟悉本班组防火要求及措施，加强对消防器材的管理，严防丢失和损坏。做到“四懂四会”。四懂：懂本岗位生产过程的火灾危险性，懂预防火灾的措施，懂扑救方法，懂疏散方法；四会：会报警，会使用灭火器材，会扑救初期火灾，会组织人员逃生。

（6）组织部门安全检查，发现不安全因素及时组织力量加以消除，并报告上级；发生事故立即报告，并组织抢救，保护好现场，做好详细记录；协助事故调查、分析，落实防范措施。

（7）负责组织对新入职员工（包括实习、代培人员）进行岗位安全教育。

（8）搞好运营设备、安全装备、消防设施、防护器材和急救器具的检查工作，使其经常保持完好和正常运行；督促和教育员工合理使用劳动防护用品，正确使用消防设施和防护器材。

（9）搞好“安全月”、“安全周”活动和班组安全生产活动，总结安全生产先进经验。

（10）发动员工搞好文明生产，保持生产作业现场整齐、清洁。

6.1.3 专职安全员安全职责

（1）认真学习和贯彻公司安全管理制度，协助站（班）长对员工和顾客进行安全教育。

（2）负责当班的安全管理工作，监督员工严格执行安全生产规章制度，检查出入站人员和车辆，制止影响安全的行为。

（3）定期检查站内设备设施的安全状况，保持良好的工作状态，定期维修保养消防器材，保证其有效性。

（4）做好当班安全检查记录和隐患整改记录，与前后班安全员做好交接班工作。

（5）熟悉本岗位防火要求及措施，做到“四懂四会”。

6.1.4 操作工安全职责

（1）在站（班）长的领导下，做好当班加气工作。

（2）加气作业中严格执行操作规程，严禁违章作业。

（3）掌握加气机的性能特点和操作技能，并能判断和排除一般故障。

（4）负责本场所的安全监督管理，发现不安全因素和危及加气站安全的行为及时阻止和汇报。

（5）熟悉本岗位防火要求及措施，做到“四懂四会”。

（6）作业完毕清理现场，做好当班作业记录及交接班工作。

6.2 储配站日常安全作业

LNG储配站的主要组成部分都处于LNG带压低温储存状态，这些设备管线采用双层真空绝热结构。LNG容器的工作压力较低，同时操作温度很低。安全管理就是一切设备设施和人的行为受控的管理，虽然储配站设计了有效的安全措施，但是操作人员在操作过程中最低限度要遵守如下安全规定：

1. 穿戴工服和防护镜

操作人员由于不小心使皮肤和眼睛接触到LNG，将会造成类似于烫伤的冻伤。因此，操作人员在作业过程中，尤其在连接和断开接头时，更应穿戴工服和防护镜。小心操作，防止LNG的溢出、散落和泄漏。在任何可能接触LNG液体、气体和低温设备管线的场所，都要注意保护眼睛和皮肤，避免与其相接触。在操作本系统的过程中，应戴干净的易于脱掉的保暖手套，穿长袖子的上衣和宽口的长裤，并且应使裤口将鞋子掩盖起来。

如果操作人员的皮肤和眼睛不慎接触到LNG液体和气体，应将与LNG接触的部位浸泡在温水中（41～46℃）。绝对不能使用温度很高的热水。请医生迅速检查冻伤的部位是否起泡或深度冻伤。穿戴工服和防护镜是非常重要的。工作中必备的劳保用品有：防护镜、低温手套、面罩、围裙、长袖上衣、宽口长裤、防静电鞋等。

2. 保持设备及作业区的良好通风

（1）使作业人员不因缺氧而窒息。

尽管LNG本身没有毒性，但是在封闭的区域内因为通风不好可以导致窒息。由于天然气无色、无味，人体不能靠自身的器官来感觉天然气的存在。如果没有良好的通风环境，天然气可将空气中的氧气置换掉，形成不能生存的缺氧空气。正常情况下，空气中的氧气含量为21%，不论因为燃烧还是因为氧气被置换形成的缺氧空气，对人体都是非常有害的，因此LNG加气站应有相应的预防措施。当人处于含氧量仅为8%～12%的空气中时，人的神经系统将会受到伤害。事实上，人在根本没有警觉的情况下，会立即失去知觉。当空气中的氧含量低于16%时，通常燃烧的火焰会熄灭。含氧量再低时，人就会丧失方位感。一系列的症状为嗜睡、疲倦、无方向感、错觉，以及产生莫名的兴奋等，进而丧失对危险的警觉。一旦人处于含氧量为12%或更低的空气中时，就立即失去知觉，也无法救助。含氧量的剧变或氧气逐渐消耗均可以导致这种情况发生。大多数工作在缺氧条件下的人们，一般将“同伴互救”的方法作为有效的保护方法。很明显，若施救的人员没有配备相应氧气系统，一旦进入该危险区域，也会发生同样的事情。最好的办法就是配备氧气系统，再实施救护。如果设备区域通风良好，不配备氧气系统也可进行同伴互救。假如不能判断该区域是否缺氧，在进入该区域前，在同伴监视的条件下，应使用便携式氧气检测仪检测氧含量，合格后，方可进入。同伴互救，在紧急情况下，如果需要救助一个人，应多于一人进行施救。配备氧气呼吸器进行操作。

(2) 使天然气在设备及作业区的浓度不易达到爆炸极限的下限。

保证厂房或设备作业区有穿堂风，在相对密闭的空间安装可燃气体检测报警装置。

注意回收放空的天然气使其进入燃料系统，如果不能回收放空的天然气，则必须设置一适当的放散管，直接将天然气引向高空放散。

3. 注意卸压、LNG 余液排空

LNG 加气站是一个压力储运系统，LNG 可以气化使系统压力升高。在松开检修部件之前，必须将所涉及的设备管线降压隔离开，并且采用安全的方式将其内的 LNG 卸压放空。如果没有安全卸压排空 LNG 就开始作业，很可能造成人员伤亡。外置的阀门和法兰可能温度极低，人员在操作时应注意穿戴相应的防护用品。因维修需要松动或打开系统某一部件时，必须将其内部的 LNG 卸压放空。

切忌在管线内形成 LNG 的“死区”，例如两个阀门之间的管线，“死区”内封闭的 LNG 因吸收热量而气化，造成管线超压而破裂。

4. 注意防火、防爆、防静电等点火源

天然气是易于燃烧的气体，因此在 LNG 的储运、生产装置区禁止吸烟、明火和使用非防爆的电气设备。LNG 一般带压储运，以防止空气或其他气体窜入。确保 LNG 设备远离明火和静电。绝对禁止在 LNG 储运区、维修区吸烟。

避免使用产生热和火花的非防爆工具，确实需要使用时，需用便携式可燃气体检测仪先行检测，以确保安全。

5. 悬挂警示牌

低温容器，无论是固定式还是移动式，时刻处于不可预见的变化环境中。无论何时，无论低温容器本身或其安全附件涉及某一事故的，应悬挂警示牌，写明安全事项。低温容器常规检查时，也应悬挂警示牌。

6. 设备事故处理

如果低温容器被损坏或怀疑有问题，应尽可能早一些排空其中的 LNG。绝对禁止使损坏的 LNG 容器长时间存放 LNG。重新投用之前，应确保 LNG 容器完全修好，并且重新通过认证。

LNG 容器在经受到事故，如沉入水中、高温环境、火烤、自然灾害（地震、龙卷风等）后，均应对其进行安全检查。即使未发生上述事故，一旦 LNG 容器的真空被怀疑出现问题时，就不能再继续使用。在真空出现问题时，再继续使用 LNG 容器，很可能导致更为严重的问题，如容器材质变脆、破裂等。进一步地，外层容器有可能因碳钢局部低温应力脆裂而失效。损坏的 LNG 容器在重新使用之前，必须经过专业测试和评估方可使用。

6.3 储配站应急作业预案

1. LNG 站储罐整体破裂应急作业预案

（1）事故现象：LNG 储罐破裂、燃气外泄。

（2）可能出现的危险：引起火灾、爆炸、人员伤亡、财产损失等。

（3）关键控制点：LNG 储罐及附件。

（4）工具材料准备及安全防护设施配置：防爆扳手、防护服、防冻手套、防护鞋、面罩、呼吸器、灭火器、检漏仪一部、对讲机两部等。

（5）主要人员：站长、技术员、维修工、操作工及根据抢险作业预案应到场的所有人员。

（6）抢险措施及抢险流程：

1）发现 LNG 储罐整体破裂、燃气外泄，无法控制时，立即关闭问题储罐进、出液紧急切断阀，罐区作业人员立即停止作业，撤离罐区。

2）分不同情况进行处理：

第一种情况：问题储罐存液较少，LNG 急剧挥发的蘑菇云还没影响到站区总电源和警报位置，应采取的措施：①应迅速发出警报，关闭（除消防、信号电源外）罐区总电源，将紧急切断阀系统气源换成氮气瓶，在保证人身安全的情况下，要时刻监控紧急切断阀开关情况，随时采取应急措施，以免造成新的事故。②立即向公司报警（可根据实际情况同时向 119、110、120 报警），启动相应的应急作业预案。如威胁到人身安全，站区工作人员应立即撤离到安全地带。站区主要负责人和当班人员要保持与相关人员联系，随时提供相关情况。

第二种情况：储罐破裂后，LNG 大量外泄，蘑菇云迅速扩散，应采取的措施：①立即组织站区人员撤离到安全地带，边撤离边向总公司报告，启动相应的应急作业预案。②站区主要负责人和当班人员要保持与相关人员联系，随时提供相关情况。

3）险情控制后，立即排查、处理因事故引起的安全隐患，并清理现场、清查人数，严禁发生连锁事故。

4）险情解除后，用气体检测仪检测周围天然气含量，每隔 20min 检测一次，连续两次符合安全要求后，才可让周围人员返回各自岗位，恢复正常生产。

5）分析事故原因，详细填写记录，存档备案。

（7）安全注意事项：

1）报警时，要将事故情况、详细地址、联系电话等陈述清楚。

2）杜绝无关人员进入事故区域。

3）在保证人身安全的前提下，事故发生时必须正确果断采取应急措施，避免更严重的事故后果。

4）及时派人到路口迎接警察、消防、医护人员。

5）当相关人员到位后，站区人员要听从统一指挥；不需要在现场时，要撤离到安全地点。

6）对人身造成严重威胁时，每个人都有逃生的权利。

(8) 作业记录、总结：

1) 认真记录作业情况。

2) 如出现问题应及时详细地分析总结。

2. LNG 站储罐根部阀破裂、燃气大量外泄应急作业预案

(1) 事故现象：LNG 储罐根部阀破裂、燃气大量外泄。

(2) 可能出现的危险：引起火灾、爆炸、人员伤亡、财产损失等。

(3) 关键控制点：LNG 储罐及附件。

(4) 工具材料准备及安全防护设施配置：防爆扳手、防护服、防冻手套、防护鞋、面罩、呼吸器、灭火器、检漏仪一部、对讲机两部等。

(5) 主要人员：站长、技术员、维修工、操作工及根据抢险作业预案应到场的所有人员。

(6) 抢险措施及抢险流程：

1) 发现 LNG 储罐根部阀破裂、燃气大量外泄，立即关闭问题储罐进、出液紧急切断阀，发出警报，停止卸车作业。

2) 迅速关闭（除消防、信号电源外）LNG 站罐区总电源，将紧急切断系统气源换成氮气瓶，在保证人身安全的情况下，要时刻监控紧急切断阀开关情况，随时采取应急措施，以免造成新的事故。

3) 立即向总公司报告，可根据实际情况同时向 119、110、120 报警。

4) 指挥组长立即安排警戒人员阻止 LNG 站周围 1000m 范围内的一切车辆和行人的通行，做好现场的监护。

5) 组织好现场无关人员向安全地点（上风方向）撤离。总指挥安排人员组织附近居民向安全地点疏散。

6) 配合相关人员划定警戒区域，控制一切火源，进行现场监控，保证天然气安全放散。

7) 应急组织人员用泡沫灭火剂进行覆盖，减小 LNG 挥发速度。组织消防人员用消防水、防爆风机等驱散周围的天然气，降低险区天然气浓度。

8) 险情控制后，立即排查、处理因事故引起的安全隐患，并清理现场、清查人数，严禁发生连锁事故。

9) 当事故有可能危及人员生命安全时，应停止抢险，迅速撤离到安全地带，等待再次进入现场的时机。

10) 险情解除后，用气体检测仪检测周围天然气含量，每隔 20min 检测一次，连续两次符合安全要求后，才可让周围人员返回各自岗位，恢复正常生产。

11) 分析事故原因，详细填写记录，存档备案。

(7) 安全注意事项：

1) 报警时，要将事故情况、详细地址、联系电话等陈述清楚。

2) 杜绝无关人员进入事故区域。

3) 在保证人身安全的前提下，事故发生时必须正确果断采取应急措施，避免更严重的事故后果。

4) 及时派人到路口迎接警察、消防、医护人员。

5）当相关人员到位后，站区人员要听从统一指挥；不需要在现场时，要撤离到安全地点。

6）对人身造成严重威胁时，每个人都有逃生的权利。

（8）作业记录、总结：

1）认真记录作业情况。

2）如出现问题应及时详细地分析总结。

3. LNG站储罐外壁破裂应急作业预案

（1）事故现象：LNG储罐外壁破裂、储罐压力迅速升高。

（2）可能出现的危险：引起爆炸、火灾、人员伤亡、财产损失等。

（3）关键控制点：LNG储罐及附件。

（4）工具材料准备及安全防护设施配置：防爆扳手、防护服、防冻手套、防护鞋、面罩、呼吸器、灭火器、检漏仪一部、对讲机两部等。

（5）主要人员：站长、技术员、维修工、操作工及根据抢险作业预案应到场的所有人员。

（6）抢险措施及抢险流程：

1）发现LNG储罐外壁破裂、储罐压力迅速升高，应立即停止卸车作业，打开降压调节阀旁通阀，给储罐紧急降压，使储罐压力保持在设计压力以下。

2）在保证人身安全的情况下，要时刻监控紧急切断阀开关情况，随时采取应急措施，避免事态扩大。

3）立即向总公司报告，启动相应的应急作业预案。

4）在储罐压力可控制的情况下，立即启动倒罐作业。

5）如储罐压力难以控制，应停止倒罐作业，打开所有放散阀，关闭问题储罐进、出液阀门，组织现场无关人员向安全地点（上风方向）撤离。总指挥安排人员组织附近居民向安全地点疏散。

6）配合相关人员划定警戒区域，控制一切火源，进行现场监控，保证天然气安全放散。

7）险情控制后，立即排查、处理因事故引起的安全隐患，并清理现场、清查人数，严禁发生连锁事故。

8）当事故有可能危及人员生命安全时，应停止抢险，迅速撤离到安全地带，等待再次进入现场的时机。

9）险情解除后，用气体检测仪检测周围天然气含量，每隔20min检测一次，连续两次符合安全要求后，才可让周围人员返回各自岗位，恢复正常生产。

10）分析事故原因，详细填写记录，存档备案。

（7）安全注意事项：

1）报警时，要将事故情况、详细地址、联系电话等陈述清楚。

2）向总公司汇报时要将事故情况叙述清楚，以便公司运作。

3）杜绝无关人员进入事故区域。

4）在保证人身安全的前提下，事故发生时必须正确果断采取应急措施，避免更严重的事故后果。

5）及时派人到路口迎接警察、消防、医护人员。

6）当相关人员到位后，站区人员要听从统一指挥；不需要在现场时，要撤离到安全地点。

7）对人身造成严重威胁时，每个人都有逃生的权利。

（8）作业记录、总结：

1）认真记录作业情况。

2）如出现问题应及时详细地分析总结。

4. LNG站液相管线破裂，LNG大量外泄应急作业预案（气相管线破裂，LNG大量外泄可参照此方案）

（1）事故现象：LNG站液相管线破裂，LNG或NG大量外泄。

（2）可能出现的危险：引起爆炸、火灾、人员伤亡、财产损失等。

（3）关键控制点：事故管线、阀门及附近设备、管线、阀门等。

（4）工具材料准备及安全防护设施配置：防爆扳手、防护服、防冻手套、防护鞋、面罩、呼吸器、灭火器、检漏仪一部、对讲机两部等。

（5）主要人员：站长、技术员、维修工、操作工及根据抢险作业预案应到场的所有人员。

（6）抢险措施及抢险流程：

1）抢险人员应穿戴好防护服，立即关闭破裂管段上、下端阀门，同时发出警报。

2）关闭LNG站区总电源（除信号、消防电源外），全站停止运行，控制一切火源，同时向公司汇报。

3）组成临时抢险队，划定警戒区域，进行现场监控，准备消防器材，做好灭火准备。

4）如事故不能尽快得到控制，应立即报警，疏散周围人员，并关闭更远端的控制阀，防止事态进一步扩大。

5）险情控制后，立即排查、处理因事故引起的安全隐患，严禁发生连锁事故。

6）清理现场、清查人数，如有伤者，应立即送往医院救治。

7）待燃气充分扩散，管内与大气压平衡，且管道温度升至常温后，用气体检测仪检测周围天然气含量，每隔20min检测一次，连续两次符合安全要求后，才可让周围人员返回各自岗位，恢复生产、进行维修。

8）分析事故原因，详细填写记录，存档备案。

（7）安全注意事项：

1）向总公司汇报时要将事故情况叙述清楚，以便调度运行。

2）报警时要将事故情况、详细地址、联系电话等陈述清楚。

3）杜绝无关人员进入事故区域。

4）在相关人员到达前，站长为总指挥。

5）在保证人身安全的前提下，事故发生时必须正确果断采取应急措施，避免更严重的事故后果。

6）如果报警，应及时派人到路口迎接警察、消防、医护人员。

7）当相关人员到位后，站区人员要听从统一指挥；不需要在现场时，要撤离到安全地点。

（8）作业记录、总结：

1）认真记录作业情况。

2）如出现问题应及时详细地分析总结。

5. LNG站气、液相管线大量泄漏并着火应急作业预案

（1）事故现象：LNG站气、液相管线大量泄漏并着火。

（2）可能出现的危险：引起爆炸、人员伤亡、财产损失等。

（3）关键控制点：事故管线、阀门及附近设备、管线、阀门等。

（4）工具材料准备及安全防护设施配置：防爆扳手、防护服、防冻手套、防护鞋、面罩、呼吸器、灭火器、检漏仪一部、对讲机两部等。

（5）主要人员：站长、技术员、维修工、操作工及根据抢险作业预案应到场的所有人员。

（6）抢险措施及抢险流程：

1）穿戴好防护用品，立即关闭泄漏着火管线上、下端阀门，全站停止运行。

2）迅速向119报警，启动储罐喷淋系统，对储罐进行热隔离；同时向总公司汇报。

3）如火势不能得到有效控制，应马上关闭更远端的控制阀，防止事态进一步扩大。

4）专业抢险人员到位后，在知情人员带领下立即进入事故现场，进行抢险；警察组织安全疏散；站区人员听从指挥部统一指挥。

5）警戒人员立即设立警戒区域，控制一切火源，阻止无关人员进入事故现场。

6）火扑灭后，立即排查、处理因事故引起的安全隐患，严禁发生连锁事故。

7）清理现场、清查人数，如有伤者，应立即送往医院救治。

8）待燃气充分扩散，管内与大气压平衡，且管道温度升至常温后，用气体检测仪检测周围天然气含量，每隔20min检测一次，连续两次符合安全要求后，才可让周围人员返回各自岗位，恢复生产、进行维修。

9）分析事故原因，详细填写记录，存档备案。

（7）安全注意事项：

1）向总公司汇报时要将事故情况叙述清楚，以便调度运行。

2）报警时要将事故情况、详细地址、联系电话等陈述清楚。

3）杜绝无关人员进入事故区域。

4）在相关人员到达前，站长为总指挥。

5）在保证人身安全的前提下，事故发生时必须正确果断采取应急措施，避免更严重的事故后果。

6）如果报警，应及时派人到路口迎接警察、消防、医护人员。

7）当相关人员到位后，站区人员要听从统一指挥；不需要在现场时，要撤离到安全地点。

（8）作业记录、总结：

1）认真记录作业情况。

2）如出现问题应及时详细地分析总结。

6. LNG站低温阀门泄漏应急作业预案

（1）事故现象：LNG站低温阀门泄漏。

（2）可能出现的危险：引起着火、人员伤亡、财产损失等。

（3）关键控制点：事故阀门及附近设备、管线等。

（4）工具材料准备及安全防护设施配置：防爆扳手、防护服、防冻手套、防护鞋、面罩、呼吸器、灭火器、检漏仪一部、对讲机两部等。

（5）主要人员：站长、技术员、维修工、操作工及根据抢险作业预案应到场的所有人员。

（6）抢险措施及抢险流程：

1）维修人员穿上防护服、防护鞋，戴上防冻手套、面罩，如泄漏严重还应戴上呼吸器。

2）进入事故区域，关闭上、下端阀门，放散，等恢复常温后，根据实际情况处理。

3）划定警戒区域，禁止无关人员及一切车辆进入警戒区域。

4）阀门内漏：可以用防爆扳手紧固，若仍泄漏，则关闭该阀门的上、下游阀门，泄压，等温度升至常温后更换垫片，仍泄漏则可能是阀座损坏，须更换阀门。

5）阀门外漏（分阀体法兰泄漏和阀杆泄漏两种）：关闭该阀门的上、下游阀门，泄压，等温度升至常温后，首先采取紧固的方法处理；如无效，应更换垫片或阀杆填料；还不行就得更换阀门。

6）如阀门外漏严重，应划出警戒范围，做好消防灭火准备，必要时报警处理。

7）修复完毕，应进行检漏、试压，确认正常后，恢复使用。

8）清理现场，解除警戒，恢复正常生产。

（7）安全注意事项：

1）维修时要随时与控制值班室沟通，发现异常立即采取应急措施。

2）维修时要准备好防爆工具、配件、防爆对讲机等。

3）在保证人身安全的前提下，事故发生时必须正确果断采取应急措施，避免更严重的事故后果。

4）如果外漏不能得到有效控制，报警时，应及时派人到路口迎接。

（8）作业记录、总结：

1）认真记录作业情况。

2）如出现问题应及时详细地分析总结。

7. LNG 站低温法兰泄漏应急作业预案

（1）事故现象：LNG 站低温法兰泄漏。

（2）可能出现的危险：引起着火、人员伤亡、财产损失等。

（3）关键控制点：事故法兰及附近设备、管线等。

（4）工具材料准备及安全防护设施配置：防爆扳手、防护服、防冻手套、防护鞋、面罩、呼吸器、灭火器、检漏仪一部、对讲机两部等。

（5）主要人员：站长、技术员、维修工、操作工及根据抢险作业预案应到场的所有人员。

（6）抢险措施及抢险流程：

1）维修人员穿上防护服、防护鞋，戴上防冻手套、面罩，如泄漏严重还应戴上呼吸器。

2）进入事故区域，关闭事故法兰上、下端阀门，放散，等恢复常温后，根据实际情况处理。

3）划定警戒区域，禁止无关人员及一切车辆进入警戒区域。

4）法兰内漏：可以用防爆扳手紧固，如仍泄漏，则关闭该法兰的上、下端阀门，泄压，等温度升至常温后更换垫片。

5）法兰外漏：关闭该法兰的上、下端阀门，泄压，等温度升至常温后，首先采取紧固的方法处理；如仍泄漏，则应更换垫片；还泄漏就得更换法兰。

6）如法兰外漏严重，应划出警戒范围，做好消防灭火准备，甚至报警。

7）修复完毕，应进行检测、试压，确认正常后，恢复使用。

8）清理现场，解除警戒，恢复正常生产。

（7）安全注意事项：

1）维修时要随时与控制值班室沟通，发现异常立即采取应急措施。

2）维修时要准备好防爆工具、配件、防爆对讲机等。

3）在保证人身安全的前提下，事故发生时必须正确果断采取应急措施，避免更严重的事故后果。

4）如果外漏不能得到有效控制，报警时，应及时派人到路口迎接。

（8）作业记录、总结：

1）认真记录作业情况。

2）如出现问题应及时详细地分析总结。

8. LNG 站突然停电应急作业预案

（1）事故现象：LNG 站突然停电。

（2）可能出现的危险：紧急切断阀自动关闭，管道超压、爆裂，引起火灾、爆炸、人员伤害、财产损失等。

（3）关键控制点：站区所有设备、仪表、阀门、管线等。

（4）工具材料准备及安全防护设施配置：防爆扳手、防静电工作服、工作鞋、手套、检漏仪一部、对讲机两部等。

（5）主要人员：站长、技术员、维修工、操作工及根据抢险作业预案应到场的所有人员。

（6）应急措施及抢险流程：

1）在正常供气但不卸车的情况下（包括瞬时流量为零）：

①首先给电工打电话，让其查明停电原因。若是电路问题应立即修复，如不能立即（10min 内）修复，应马上将紧急切断阀气源切换成氮气瓶供应，并派人到现场监护。

②如 20min 内仍不能修复，应迅速手动打开所有出液气动阀、汽化器前端气动阀、进液气动阀、自增压气动阀，然后向站长汇报，等候下一步指令。

③若是供电局的问题，应问明停电原因及时间，如不能立即供电，做法同上。

2）在正常供气并卸车的情况下：

①首先关闭卸车自增压液相阀，手动打开进液气动阀，如果是白天，再开启自增压液相阀正常卸车；如果是晚上，手动打开进液气动阀后，应关闭槽车出液阀，停止卸车。

②通知电工，让其查明停电原因。若是电路问题应立即修复，如不能立即（10min

内）修复，应马上将紧急切断阀气源切换成氮气瓶供应，并派人到现场监护。

③如 20min 内仍不能修复，应迅速手动打开所有出液气动阀、汽化器前端气动阀、进液气动阀、自增压气动阀，然后向站长汇报，等候下一步指令。

④如在晚上，30min 后还不能供电，应关闭卸液储罐进液阀，微开进液管线与 BOG 系统连通阀，等来电后再恢复卸车。

⑤若是供电局的问题，应问明停电原因及时间，如不能立即供电，做法同上。

3）全站停运检修的情况下（不卸车）：

①首先给电工打电话，让其查明停电原因。若是电路问题应立即修复，如不能立即（10min 内）修复，应马上将紧急切断阀气源切换成氮气瓶供应。

②如 20min 内仍不能修复，应手动打开所有出液气动阀，监控管网压力，避免管网超压，然后向站长汇报，等候下一步指令。

③若是供电局的问题，应问明停电原因及时间，如不能立即供电，做法同上。

（7）安全注意事项：

1）现场监护人员要随时与值班室沟通，发现异常情况立即采取应急措施并告知值班室。

2）一旦停电，全体行动，分工合作，采取正确果断的措施。

3）晚上停电，要在保证自身安全的情况下，做好应急处理工作。

4）定期对应急灯进行检查、维修，保证其处于良好状态；每天充电，保证应急灯有充足的电量。

（8）作业记录、总结：

1）认真记录作业情况。

2）如出现问题应及时详细地分析总结。

9. LNG 站 BOG 汽化器非正常冒白烟应急作业预案

（1）事故现象：LNG 站 BOG 汽化器非正常冒白烟。

（2）可能出现的危险：燃气低温出站，破坏燃气管网，计量损失，损坏流量计、调压器、变送器，甚至碳钢管道爆裂，引起火灾、爆炸、人员伤害、财产损失等。

（3）关键控制点：槽车、卸车自增压系统、进液管网、BOG 系统及相关压力表、液位计、阀门等。

（4）工具材料准备及安全防护设施配置：防爆扳手、防静电工作服、工作鞋、手套、检漏仪一部、对讲机两部等。

（5）主要人员：站长、技术员、维修工、操作工及根据抢险作业预案应到场的所有人员。

（6）应急措施及抢险流程：

1）正常供气不卸车的情况：

①立即关闭 BOG 汽化器前端阀。

②检查是否误操作，如有立即纠正，然后微开 BOG 汽化器前端阀，直到恢复正常；如没有误操作，检查第二段进液操作阀是否内漏，如内漏严重应立即修复，然后微开 BOG 汽化器前端阀，恢复正常。

2）在卸车过程中：

①立即关闭BOG汽化器前端阀。

②检查卸车台进液与BOG系统连通阀是否漏液，如漏液应视漏液的严重程度来分别处理，轻时可采取紧固的方法处理，如不起作用要继续卸车作业时，可采取适当关小BOG汽化器前端阀、多开低压储罐、尽量减少储罐卸压等措施；泄漏严重且不能靠近时，应立即停止卸车，制定抢修方案，进行抢修。

③正在进液储罐的BOG管线非正常冒白烟、结霜严重或者压力升高过快，同时BOG汽化器非正常冒白烟：应立即关闭卸车台自增压液相阀、进液阀，同时打开其他储罐进液阀。然后微开BOG汽化器前端阀，待恢复正常后再全打开，此时可继续卸车作业。问题确认：打开问题储罐的溢满阀，检查储罐是否已满；根据情况决定是否打开出液阀；待问题确定后，用其单独出液进一步确认；进行查漏等检查。不能自行解决的，联系厂家等待处理。

④卸车结束，回收槽车内BOG时，发现BOG汽化器非正常冒白烟：关闭进液管线与BOG系统连通阀，停止回收。首先检查进液阀是否关闭到位，再检查槽车是否卸净，根据不同的情况，采取相应的措施进行处理。

（7）安全注意事项：

1）发现BOG汽化器非正常冒白烟，应立即关闭汽化器前端阀，查清问题的根源，采取相应的措施，避免低温出站。

2）定期对阀门进行检查、维修、保养，保证阀门状态正常。

3）严格按卸车操作规程操作，严禁误操作。

4）对储罐的实际液位，要做到心中有数，发现异常应及时处理。

5）如有低温出站的情况，应对管道、设备进行检查，消除安全隐患。

（8）作业记录、总结：

1）认真记录作业情况。

2）如出现问题应及时详细地分析总结。

10．LNG站槽车真空度破坏应急作业预案

（1）事故现象：LNG槽车真空度破坏（槽车压力急剧增高，罐体严重冒汗、结霜）。

（2）可能出现的危险：安全阀起跳，放散管喷液，阀门爆裂，槽车爆炸，发生火灾，造成人员伤亡，财产损失等。

（3）关键控制点：槽车、卸车自增压系统、进液管网、BOG系统及相关压力表、液位计、阀门等。

（4）工具材料准备及安全防护设施配置：防爆扳手、防静电工作服、工作鞋、防护服、防护鞋、防冻手套、面罩、呼吸器、检漏仪一部、对讲机两部等。

（5）主要人员：站长、技术员、维修工、操作工及根据抢险作业预案应到场的所有人员。

（6）应急措施及抢险流程：

1）接到指令后，应组织当班人员穿戴好防护用品，带上防爆工具，在站区门口等候。

2）挑选罐容小、压力低的储罐降压，给进液管道预冷，做好卸车前的准备工作。

3）槽车进站后，立即引领槽车复磅、到卸车台就位，根据实际情况划出警戒范围，做好消防灭火准备。

4）将卸车台软管与槽车对应软管连接好，应立即打开卸液储罐进液阀、卸车台进液阀、槽车出液阀，开始卸液；如压力超过0.7MPa，应随时打开槽车气相与BOG系统连通阀。

5）在卸车过程中，会不断发出嘣嘣的响声，应时刻观察压力变化，保证卸车安全；如压力偏低，可随时给槽车增压，保证正常卸车。

6）除有特殊要求外，应严格按卸车操作规程操作。

7）如通过以上操作，压力仍然偏高，应同时打开槽车放散总阀，扩大警戒范围，加快槽车内LNG的安全处理。

8）险情排除后，用检测仪测定警戒区域天然气含量，当达到安全要求时，解除警戒。

9）按卸车操作规程确认卸车结束后，称皮重，槽车离站。

（7）安全注意事项：

1）槽车进站前判断无法处理时，应阻止槽车进站。

2）如槽车外漏严重，应在进站前进行应急处理，然后进站。

3）除应急处理外，严格按卸车操作规程操作，严禁误操作。

4）如果对人身安全造成威胁，有逃生的权利。

5）在没有领导指令的情况下，严禁问题槽车进站。

6）在应急处理和卸车过程中，应尽量避开容易造成伤害的部位（如放散口、下风口等）。

（8）作业记录、总结：

1）认真记录作业情况。

2）如出现问题应及时详细地分析总结。

11. LNG站槽车安全阀起跳喷液应急作业预案

（1）事故现象：LNG槽车安全阀起跳喷液。

（2）可能出现的危险：着火、人员伤害、财产损失等。

（3）关键控制点：安全阀、安全阀组合件、阀门、管线等。

（4）工具材料准备及安全防护设施配置：防爆扳手、防护服、防护鞋、防冻手套、面罩、检漏仪一部、对讲机两部等。

（5）主要人员：站长、技术员、维修工、操作工及根据抢险作业预案应到场的所有人员。

（6）抢险措施及抢险流程：

1）控制一切火源，划出警戒范围，做好消防灭火准备。

2）有关人员穿戴好防护用品，进入事故现场查找泄漏部位和原因，采取相应措施。

3）槽车进站时安全阀已经起跳漏液，并且槽车压力过高（0.6MPa以上）：首先给槽车降压，当槽车压力降到0.25MPa左右时，如安全阀漏液得到控制，应根据实际情况进行紧固等处理，然后按正常程序卸车。

4）压力一旦增至接近0.4MPa，安全阀就起跳喷液：可采取以下两种方法处理：①将出液阀关闭，打通卸车台BOG系统，打开槽车自增压液相阀，直接往出站管网送气，直至卸车完毕；②在保证安全的情况下，密封起跳安全阀进口，正常增压卸车（此方法要慎用）。

5）在给槽车增压过程中，压力没有达到卸车要求，安全阀开始喷液或起跳：此时应立即停止增压，用BOG系统给槽车降压，待漏液得到控制后，紧固安全阀漏液处，检查压力表是否有问题，如有问题应立即更换。恢复正常后继续增压卸车操作，增压速度要缓慢、平稳，在达到正常卸车压力前安全阀再次起跳漏液，可以降低槽车压力进行卸车。

6）如果是双向安全阀且只有一边起跳或喷液：运行人员在保证自身安全的前提下，应立即将安全阀扳向另一边（漏液严重时，必须先降压后操作），正常后继续卸车作业。

（7）安全注意事项：

1）槽车到站后要及时巡视，超压时要及时放散，避免安全阀超压起跳。

2）应急处理时要先降压再操作，并且穿戴好防护用品，准备好配件、防爆工具等。

3）已经起跳的安全阀，在保证人身安全的前提下，果断采取措施，避免更严重的事故后果。

4）如果外漏不能得到有效控制，报警时，应及时派人到路口迎接。

5）除了应急处理，应严格按卸车操作规程操作。

6）使用密封安全阀进口的方法时，要慎重，避免造成新的安全隐患。

（8）作业记录、总结：

1）认真记录作业情况。

2）如出现问题应及时详细地分析总结。

12. LNG站槽车放散总管喷液应急作业预案

（1）事故现象：LNG槽车放散总管喷液。

（2）可能出现的危险：着火、人员伤害、财产损失等。

（3）关键控制点：放散总管、阀门、管线等。

（4）工具材料准备及安全防护设施配置：防爆扳手、防护服、防护鞋、防冻手套、面罩、灭火器、检漏仪一部、对讲机两部等。

（5）主要人员：站长、技术员、维修工、操作工及根据抢险作业预案应到场的所有人员。

（6）抢险措施及抢险流程：

1）关闭放散总阀及所有放散分阀。

2）控制一切火源，划出警戒范围，做好消防灭火准备。

3）有关人员穿戴好防护用品，进入事故现场查找泄漏部位和原因，采取相应措施。

4）在卸车之前放散管喷液，可能是由于安全阀起跳、放散总阀内漏或者槽车过满时打开了放散总阀泄压所致。此时应首先通过BOG系统给槽车降压，待漏液有所控制后，修复、关闭所有放散阀；若实在不能修复，可以用自增压系统直接往出站管网供气，直到能修复为止。

5）如果是在卸车过程中出现放散管喷液，可能是由于安全阀起跳、放散阀内漏或关闭不严所致。此时应立即关掉卸车自增压液相阀，通过BOG系统给槽车降压，待喷液有所控制后，修复；如喷液不能得到有效控制，可以用自增压系统直接往出站管网供气，直到能修复为止。

（7）安全注意事项：

1）如槽车充装过满，超压放散时严禁打开放散总阀，应打开放散支管，分次限压放散，避免引起放散总管喷液而无法控制。

2）应急处理时要先降压再操作，并且穿戴好防护用品，准备好配件、防爆工具等。

3）放散总管已经喷液，要查明引起喷液的原因，果断采取措施，避免更严重的事故后果。

4）如果喷液不能得到有效控制，报警时，应及时派人到路口迎接。

5）应急处理完毕，应严格按卸车操作规程操作。

（8）作业记录、总结：

1）认真记录作业情况。

2）如出现问题应及时详细地分析总结。

13. LNG站槽车阀门泄漏应急作业预案

（1）事故现象：LNG槽车阀门泄漏。

（2）可能出现的危险：着火、人员伤害、财产损失等。

（3）关键控制点：事故阀门及附近设备、管线等。

（4）工具材料准备及安全防护设施配置：防爆扳手、防护服、防护鞋、防冻手套、面罩、呼吸器、灭火器、检漏仪一部、对讲机两部等。

（5）主要人员：站长、技术员、维修工、操作工及根据抢险作业预案应到场的所有人员。

（6）抢险措施及抢险流程：

1）维修人员穿上防护服、防护鞋，戴上防冻手套、面罩，如泄漏严重还应戴上呼吸器。

2）进入事故区域，关闭上、下游阀门，放散，等恢复常温后，根据实际情况处理。

3）划定警戒区域，禁止无关人员及一切车辆进入警戒区域。

4）阀门内漏：可以用防爆扳手紧固，若仍泄漏，则关闭该阀门的上、下游阀门，泄压，等温度升至常温后更换垫片，仍泄漏则可能是阀座损坏，须更换阀门。

5）阀门外漏（分阀体法兰泄漏和阀杆泄漏两种）：关闭该阀门的上、下游阀门，泄压，等温度升至常温后，首先采取紧固的方法处理；如无效，应更换垫片或阀杆填料；还不行就得更换阀门。

6）如阀门外漏严重，应划出警戒范围，做好消防灭火准备，甚至报警。

7）如根部阀泄漏，应首先给槽车降压，然后采取紧固处理。

8）处理完毕，应进行检漏，合格后，解除警戒，恢复正常卸车。

（7）安全注意事项：

1）维修时要随时与值班室沟通，发现异常立即采取应急措施。

2）应急处理时要先降压再操作，并且穿戴好防护用品，准备好配件、防爆工具等。

3）在保证人身安全的前提下，事故发生时必须正确果断采取应急措施，避免更严重的事故后果。

4）如果外漏不能得到有效控制，报警时，应及时派人到路口迎接。

5）槽车所有权不属于站区，槽车故障应与司机协调解决，以免造成不必要的麻烦。

（8）作业记录、总结：

1）认真记录作业情况。

2）如出现问题应及时详细地分析总结。

14. LNG站卸车时进液管突然迅速升压应急作业预案

（1）事故现象：LNG站卸车时进液管突然迅速升压。

（2）可能出现的危险：安全阀起跳、管线爆裂、着火、人员伤害、财产损失等。

（3）关键控制点：进液管线、阀门、附件。

（4）工具材料准备及安全防护设施配置：防爆扳手、防护服、防护鞋、防冻手套、面罩、灭火器、检漏仪一部、对讲机两部等。

（5）主要人员：站长、技术员、维修工、操作工及根据抢险作业预案应到场的所有人员。

（6）抢险措施及抢险流程：

1）紧急切断阀问题：立即打开另外一个储罐进液阀，用以平衡压力，检查原来进液气动阀是否开启不完全，检查氮气系统压力是否正常，有问题立即修复，如不能立即修复应手动打开进液气动阀。待恢复正常后继续卸车。

2）槽车压力过高：首先关闭自增压液相阀，然后检查压力表是否损坏。待查清原因并解决后继续卸车。

3）卸车前期，自增压液相阀开启过大、太快：关闭自增压液相阀，待槽车压力稳定后，控制好自增压液相阀、槽车出液阀，并随时观察槽车压力情况。

（7）安全注意事项：

1）定期维修、保养紧急切断系统，保证系统工作正常。

2）卸车时至少应有两个储罐同时降压，发现储罐有问题可随时换罐。

3）卸车前，要检查槽车压力表、液位计、阀门等，保证槽车及附件正常。

4）开始给槽车增压30min内，槽车压力变化很快，要控制好自增压液相阀、槽车出液阀，做到安全平稳卸车。

5）槽车所有权不属于站区，槽车故障应与司机协调解决，以免造成不必要的麻烦。

（8）作业记录、总结：

1）认真记录作业情况。

2）如出现问题应及时详细地分析总结。

15. LNG站出液管网突然超压应急作业预案

（1）事故现象：LNG站出液管网突然超压。

（2）可能出现的危险：安全阀起跳、管线爆裂、着火、人员伤害、财产损失等。

（3）关键控制点：出液管线及附件等。

（4）工具材料准备及安全防护设施配置：防爆扳手、防护服、防护鞋、防冻手套、面罩、灭火器、检漏仪一部、对讲机两部等。

（5）主要人员：站长、技术员、维修工、操作工及根据抢险作业预案应到场的所有人员。

（6）抢险措施及抢险流程：

1）没流量时关闭出液阀：立即打开已关闭储罐的出液阀（有流量时可关闭出液阀；没流量后不能关闭出液阀）。

2）在NG不能出站的情况下，已经关闭的储罐出液阀内漏：应立即打开储罐的出液阀。

3）紧急切断阀自动关闭：立即采取相应措施解决。

4）阀门冰堵：打开阀门清理。

（7）安全注意事项：

1）定期维修、保养紧急切断系统，保证系统工作正常。

2）站区供气系统处于自动状态时，不要随意关闭储罐出液阀；供气系统必须关闭时，要在有流量时提前关闭，并观察压力变化情况，避免供气管线超压。

3）保持管道清洁、干燥，严禁水分进入管道、阀门。

（8）作业记录、总结：

1）认真记录作业情况。

2）如出现问题应及时详细地分析总结。

16. LNG站站区外发生火灾应急作业预案

（1）事故现象：LNG站站区外发生火灾。

（2）可能出现的危险：威胁到站区安全，造成人员伤害、财产损失等。

（3）关键控制点：靠近着火区域的站区设备、设施、人员安全等。

（4）工具材料准备及安全防护设施配置：灭火器、消防枪、防护用品、检漏仪一部、对讲机两部等。

（5）主要人员：站长、技术员、维修工、操作工及根据抢险作业预案应到场的所有人员。

（6）抢险措施及抢险流程：

1）值班人员发现站区外有可能影响站区安全的火灾后，立即报告站区负责人。

2）由负责人安排合适数量的人员立即携带灭火器等设备前去帮助灭火，在有效射程内可启用消防带进行灭火。

3）站区内其他人员迅速到达各消防设施位置，对重点设备（特别是储罐）进行喷水降温、隔离。

4）待外部火警解除后，清理站区内部现场，检查设备设施完好状况。

5）做好记录，存档备查。

（7）安全注意事项：

1）定期维修、保养站区消防设施，保证正常运行。

2）站区值班人员除了保证站区的正常运行外，要时刻关注站区周围的情况。

3）站区周围发生火灾后，要能准确判断对站区的影响，及时采取必要的防范措施，保证站区安全。

4）在力所能及的情况下应积极、主动地帮助灭火。

（8）作业记录、总结：

1）认真记录作业情况。

2）如出现问题应及时详细地分析总结。

17. LNG站人员冻伤应急作业预案

（1）事故现象：LNG或BOG直接接触人体或通过管道、服装接触皮肤。

（2）可能出现的危险：造成人员低温灼伤，严重时可留下残疾甚至造成人员伤亡。

（3）关键控制点：有可能泄漏的阀门、法兰、安全阀；流过LNG、BOG的低温管道、设备等。

(4) 工具材料准备及安全防护设施配置：防护服、防护鞋、防护面具、呼吸器、灭火器、消防枪、检漏仪一部、对讲机两部等。

(5) 主要人员：站长、技术员、维修工、操作工及根据抢险作业预案应到场的所有人员。

(6) 应急措施及抢险流程：

1) 喷入眼睛的应急处理：

①立即用40～50℃的温水彻底冲洗眼睛（如果不能立即找到温水，可用自来水迅速冲洗），时间越早越好。

②拨打120送往医院救治或检查（如现场有车，可在用水冲洗后立即送往医院）。

2) LNG或BOG大量喷到皮肤的应急处理：

①立即将受伤皮肤浸入40～50℃的温水中解冻。

②拨打120或直接送往医院处理。

3) LNG或BOG少量喷到皮肤的应急处理：

立即将受伤皮肤浸入40～50℃的温水中解冻，然后根据实际情况决定是否送往医院医治。

4) 皮肤和低温管道、设备冻在一起的应急处理：

①在不伤到皮肤表皮的情况下，应立即移开被冻部位，浸入40～50℃的温水中解冻。

②如移开冻伤部位就会将表皮扯下，应立即关闭该管段或设备上、下端阀门，紧急放散管道内的LNG或BOG，然后用热气或温水淋浇被冻部位，直到自然脱开。

③拨打120或直接送往医院医治。

5) LNG喷到衣服上，皮肤和衣服冻在一起的应急处理：

①将衣服和冻伤部位一起浸入40～50℃的温水中解冻。

②拨打120或直接送往医院医治。

6) 大量吸入，造成呼吸道和中枢神经损伤的应急处理：

①立即将受伤人员移开冷气环境。

②拨打120或直接送往医院医治。

7) 分析事故原因，做好记录，存档备查。

(7) 安全注意事项：

1) 站区人员严格遵守各项规章制度，熟练掌握本岗位安全注意事项，尽量减少或避免泄漏事故的发生。

2) 管道或储罐进行放空操作不得就地放散，必须经放散管引至高空放散。

3) 处理泄漏事故时，操作工必须穿戴防护服、防冻手套、防护鞋、面罩等。

4) LNG站区内的低温管线和设备严禁靠扶、踩踏。

5) 低温阀门操作应缓慢，严禁操作时面部正对阀门。

6) 在同时关闭两阀门（中间为LNG或BOG）时，首先对该管线进行放散，防止管道超压爆裂或安全阀起跳喷液。

7) 严禁敲打、用火烘烤、用水喷淋管道的冻结部位，正确方法是热气加热解冻。

8) 经常对阀门、阀杆进行检查保养，确保无泄漏，尤其经常操作的阀门。

(8) 作业记录、总结：

1）认真记录作业情况。

2）如出现问题应及时详细地分析总结。

6.4 火灾报警和气体检测系统（FGS）在燃气行业的要求和应用

火灾报警和气体检测系统（Fire Alarm and Gas Detector System，简称 FGS 系统），目前在国内的应用并不广泛，主要是我国目前还没有明确的相关强制要求，其次是一般设计院和用户对其没有清晰的概念，一般不会把它作为安全系统进行独立设计和设置，而仅采用普通的民用型火灾报警器，结合 DCS 系统进行气体检测和报警。而国际上的大项目一般都会采用专用安全系统生产厂家的设备设置独立的 FGS 系统，从而与 SIS 系统一起构成一体化的工厂综合安全系统。系统安全规范也完全依据 IEC 标准（达到 TUV AK6）并完全符合国家消防安全资格认证（CCCF 认证）。

FGS 系统是针对火灾和气体探测的安全管理系统，通过对化工装置现场的消防按钮、烟、火、可燃气体、有毒气体的检测信号的采集，经过软件逻辑输出来控制报警灯、报警铃、雨淋阀、泡沫阀以及空调系统的新风入口阀等。FGS 系统如图 6-1 所示，虚线内为 FGS 系统范围。

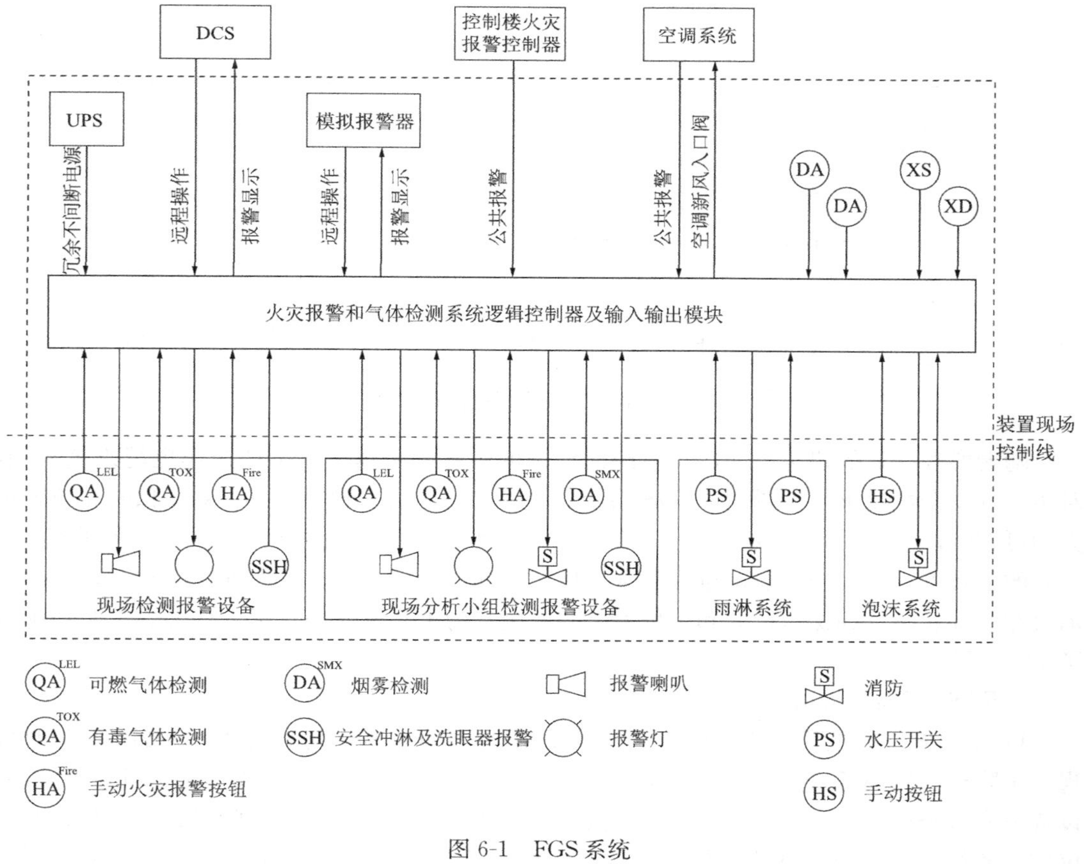

图 6-1　FGS 系统

由图 6-1 可以看出，FGS 系统由现场检测元件、逻辑控制器、执行元件、模拟报警盘及不间断电源组成，且包含了楼宇火灾报警盘及空调系统的公共报警。

FGS 系统发生系统功能故障、供电故障及检测回路故障时，除发出故障报警外，均不能触发检测报警和消防阀。因此，在 FGS 系统中，整个装置被定义为非故障安全模式。正常状况下，现场的输入输出信号均处于“断开”和“不得电”状态。故输入到 FGS 系统中的逻辑“0”信号被认为是正常状态，逻辑“1”信号为报警状态。因此，FGS 系统中所有现场回路均必须具有回路检测功能，用于及时发现回路中的潜在故障并及时得到处理和恢复，以保证回路在需要时能正常工作。

FGS 系统作为安全系统，必须考虑系统的可靠性和可用性，所以系统必须采用冗余结构。每个装置区域均设置独立的 FGS 系统，并通过冗余的串行通信与各自的 DCS 系统进行通信，同时将报警信号发布至各自控制室内的模拟报警盘。每套 FGS 系统均配置冗余的以太网接口，通过光纤连接至冗余的 FGS 系统中央交换机。设置在公司紧急响应中心以及消防支队的 HMI 上位机通过以太网与各个 FGS 系统进行通信，实时显示各个检测元件的报警状态，实行全厂的集中监控，以提高对紧急事件做出快速及时的响应和处理的能力。图 6-2 是某公司的 FGS 系统结构图。

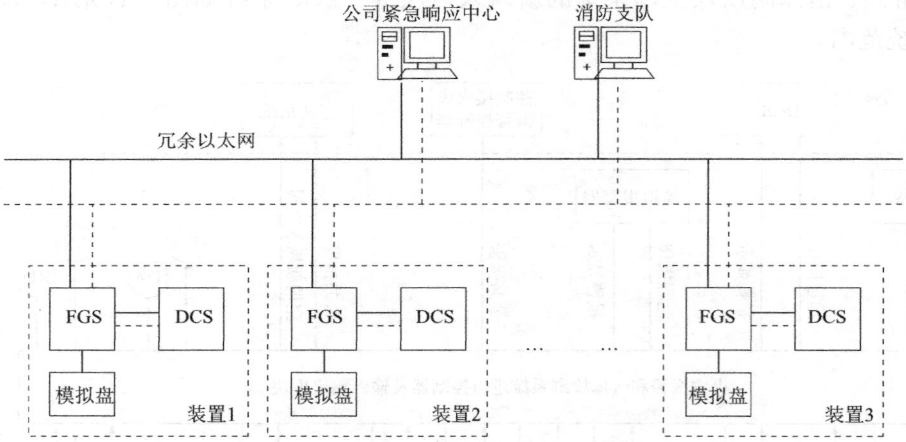

图 6-2 FGS 系统结构图

随着燃气行业的快速发展，其生产活动中的装置越来越大，生产操作也越来越复杂，对生产的安全性要求越来越高，FGS 系统作为一种安全动态管理工具，对于预防和减轻火灾和可燃气体泄漏风险、减少危险事故发生具有重要意义。在健康、安全、环保理念深入人心的形势下，燃气企业必须重视安全、环保管理，重视火灾、可燃气体的检测，将事故消灭在萌芽状态，确保运行区和工作人员的安全。为了完成这一目标，许多燃气企业配置了 FGS 系统。

1. FGS 系统设计功能要求

FGS 系统具有如下功能：实现在线动态的连续检测，检测可燃气体、火焰等，早日发现安全隐患；FGS 系统数据传至消防中心连接到自动和手动灭火系统，能及时扑灭火源；设置声光报警信号，能通过声音和颜色报警使工作人员了解发生的危险等级；能传送相关仪表设备报警信号和 I/O 状态信号到装置中控室的 DCS 操作站上显示和报警，并提供事件顺序记录报告。

FGS系统的设计要求是：（1）FGS系统独立于DCS、SIS和其他子系统单独设置。（2）FGS系统要求具有自诊断功能，不仅可以对系统本身的故障进行诊断和报警，还应具有信号电路检测功能，可以对现场设备的开路/短路进行实时报警控制。（3）FGS系统要求具有24h不间断冗余电源供给能力，可以保证系统在事故情况下的可靠供电。

2. FGS系统设计原则及全厂FGS系统设计构架介绍

本项目为全厂新建项目，以生产装置为单位，独立设置FGS系统，共11套。

各系统设两条通信网络及接口，一条通过以太网连接到中心控制室的工程师站（进行组态及维护）、全厂消防控制中心的主监视系统（FGS）并连接自动灭火系统。另一条连接到各自相关装置的DCS系统控制站。

在中心控制室内设置专用的DCS操作站用于FGS系统的显示、报警。

FGS系统分为工艺生产装置FGS系统和建筑物所使用的可寻址的FGS系统。工艺生产装置FGS系统由自控专业设计实施，建筑物所使用的可寻址的FGS系统由电信专业设计实施。

工艺生产装置FGS系统是现场的火灾检测仪表和可燃、有毒气体检测仪表等连接到设在现场机柜间内的FGS机柜内，经过逻辑运算，通过以太网一条连接到中心控制室的工程师站（进行组态及维护）、全厂消防控制中心的主监视系统（FGS）并连接自动灭火系统，便于其在第一时间内采取恰当消防措施。另一条连接到各自相关装置的DCS系统控制站。

建筑物所用的可寻址的FGS系统是火灾检测仪表（如感烟探测器、感温探测器、火焰探测器和手动报警按钮等）通过模块箱（或直接）与火灾报警控制盘连接，这些信号经火灾报警控制盘处理后，一方面直接进行火灾声光报警和相应建筑物消防联动，另一方面输出到全厂消防控制中心的主监视系统（FGS），实现全厂火灾和气体检测的集成。

3. FGS系统中仪表设计

（1）火灾检测仪表设计

火灾检测仪表应满足《火灾自动报警系统设计规范》GB 50116—2013的规定，规范要求：在火灾初期，产生大量的烟和少量的热，基本没有火焰辐射的场所使用感烟探测器。对产生大量烟和热以及火焰辐射的场所，将感温探测器、感烟探测器和火焰探测器组合起来使用。对于火灾一旦产生，发展速度快，且产生大量火焰辐射、少量烟和热的场所选用火焰探测器。对于有特殊要求的场所，采用红外光束感烟探测器。另外，因工作环境温度的上升可能引发火灾的场合，采用感温探测器。总而言之，火灾检测仪表的选型应结合现场生产环境以及火灾危险区域的实际情况来确定。

（2）可燃气体检测仪表设计

可燃气体检测仪表的选型应满足《石油化工可燃气体和有毒气体检测报警设计规范》GB 50493—2009的有关规定。在生产或是有可燃、有毒气体的装置中分别设置可燃气体检测器和有毒气体检测器；气体密度大于0.97kg/Nm^3（标准状态下）的即认为比空气重；气体密度小于0.97kg/Nm^3（标准状态下）的即认为比空气轻。检测比空气轻的气体，其安装高度宜高出释放源0.5～2m；检测比空气重的气体，其安装高度应距地坪（或楼地板）0.3～0.6m。

当可燃气体和有毒气体发生泄漏时，其浓度达到25%LEL时，采用一级报警；浓度达到50%LEL时，采用二级报警。同一级别报警中，有毒气体的报警优先。

当需要连锁保护时，应采用一级报警和二级报警结合方式。

（3）仪表布置形式

火灾探测器和可燃气体探测器的设置数量和布置形式应根据有关规定来确定。

点型火灾探测器布置时，应在保护区域内的每个房间中至少设置一个火灾探测器，一个探测区域内所需设置的探测器数量，不应小于下式的计算值：$N=S/(KA)$。式中：N表示探测器数量；S表示探测区域面积（m^2）；A表示探测器的保护面积（m^2）；K表示修正系数。

线型火灾探测器布置时，当探测区域为储存易燃易爆物料的封闭或半封闭仓库时，应采用红外光束感烟探测器，探测器的光束轴线与顶棚的垂直距离应在0.3～1.0m之间，距离地面则不宜超过20m，两个相邻探测器的水平间距应≤14m，探测器的发射器与接收器之间的距离应在100m以内。

气体检测器位于释放源的全年最小频率风向的上风侧时，可燃气体检测点与释放源的距离不宜大于15m，有毒气体检测点与释放源的距离不宜大于2m。

气体检测器位于释放源的全年最小频率风向的下风侧时，可燃气体检测点与释放源的距离不宜大于5m，有毒气体检测点与释放源的距离不宜大于1m。

4. 报警系统设计

每个建筑物、泵房、压缩机厂房、装置，分区域设置若干个就地危险报警灯和喇叭与FGS系统相连，当系统判断有危险时，报警灯和喇叭会发出报警，以告知该区域相关人员存在火灾、可燃气体或有毒气体泄漏，有助于快速处理紧急突发事故和减少事故危害。

设置火灾声光报警系统和可燃、有毒气体检测报警，使相关工作人员第一时间了解到火灾信息，并立即启动相应的火灾应急处理预案，最大限度地降低火灾损失。

在装置的每一个区域和建筑的通道处设置手动报警按钮，巡视人员在现场巡视时发现火灾风险能及时报警。

FGS系统将火灾检测与气体检测结合起来，实现了火灾危险和可燃气体报警系统的集成化。通过检测系统的集成化设计，将FGS与DCS、SIS、消防中心连接起来，实现网络连接，构建出一个防火、灭火的消防安全系统，火灾发生初期，各个系统在第一时间做出响应，立即启动应急处理预案，将火灾事故损失降到最低，保障职工的生命安全。统筹全局、完善配置、协调各方关系的总体集成化设计对于优化FGS系统具有重要意义，为企业的安全管理提供了新的思路。

FGS系统采用了全新的设计理念和技术，与SIS具有同等的可靠性和可用性，同时具有较高的自动化程度，总的来说FGS系统具有如下特点：

（1）安全可靠。装置区内各种工艺设备复杂繁多，工艺物料种类多样，任何一处出现安全隐患，均有可能引发大的灾难，所以采用该系统可以做到早发现早排除，及时消除安全隐患。

（2）自动化程度高。分布在装置区各处的检测元件能够及时迅速地把现场各个地方的状况发送到FGS系统的控制器中，并将报警发布到模拟显示盘及DCS系统，在必要时迅速启动消防雨淋阀。检测、传输、显示、报警、消防启动几乎在同一时间完成。

（3）便于维护。FGS系统结构简洁，无需太多的专业知识就能进行日常维护。同时FGS系统的故障检测功能齐全，且定位准确，从而提高了维护的效率，同时也提高了系统的可靠性。

（4）毫秒级SOE功能（事故顺序记录）的实现极大地方便了用户的事故数据采集，该功能弥补了民用普通火灾报警器在这一功能上的缺陷。

（5）带回路监督功能的数字量输出模块强化了系统的安全可靠性，强大的自检功能彻底消除了误动作的可能性，进一步提升了系统自动化监控功能。

（6）系统通过了国家消防安全强制认证，在装置开车等消防验收手续上完全符合国家相关法律，减少了不必要的麻烦。

6.5 工艺流程的危险和可操作分析（HAZOP）

1. 概述

工艺流程的危险和可操作分析（HAZOP）就是指使用引导词对工艺设计进行系统性的分析，以识别可能发生的对设计意图的偏差以及导致的后果，同时识别已有的防范措施并对未受到控制的危害提出建议的过程。

HAZOP可以在项目的各个阶段进行，通常可以在基础设计、详细设计、开车前、工艺变更等阶段性节点后进行，其详细程度不尽相同。

本次HAZOP是在详细设计后针对详细设计的资料而进行的。下面只是介绍了乙方对该项工作的方法和步骤。

乙方将同甲方一起完成该部分工作。

2. 工作目的

（1）HAZOP引导词

HAZOP中使用的引导词举例如表6-3所示。

HAZOP引导词举例 **表6-3**

偏　差	引导词	参数（性质词）
无流量/流量低	无/低	流量
流量高	高	流量
错流	其他	流量
压力低	低	压力
压力高	高	压力
液位低	低	液位
液位高	高	液位
温度低	低	温度
温度高	高	温度
仪表	其他	仪表/控制

续表

偏　差	引导词	参数（性质词）
卸压	其他	卸压
污染	其他	组分
化学品的性质	其他	化学品性质
引燃	其他	引燃
辅助系统故障	其他	辅助系统
非正常操作	其他	操作
取样	其他	取样
腐蚀/冲蚀	其他	腐蚀/冲蚀
维护	其他	维护
其他	其他	其他

（2）HAZOP 研究目的

采用上述引导词，对 PID 进行 HAZOP 研究，达到下列目的：

1）识别出工艺中导致不安全运行的领域。

2）识别出可能会影响设备运行/可用性的特征。

3）识别出可能影响设备可用性的维护问题。

4）确定识别出的问题后果的严重性。

5）评估现有工程和程序上的安全措施是否足够；如果必要，推荐使用其他的安全措施或操作程序。

6）提供一种正式的、透明的、可供有关当局审查的记录。

7）提供了一种正式的方法，通过这种方法可以在内部解决识别出的安全问题，它可以是被实施的，这种方法或者被实行，或者被提出明确理由而被否决。

8）为今后的工艺变更后的安全评价提供基础。

9）为今后的操作程序的编写提供输入方法描述。

（3）HAZOP 进行的方式和步骤

1）HAZOP 进行的方式

HAZOP 以讨论会的方式进行。乙方提供会议室、投影仪和 HAZOP 记录表格。

2）HAZOP 的实施步骤

①乙方提供需要进行 HAZOP 研究的 PID 图及相关文件，包括但不限于设计基础、详细设计文件、操作手册等；

②举行讨论会；

③进行讨论会记录；

④提交报告初稿；

⑤对报告初稿提出建议；

⑥提交最终报告。乙方将按终稿进行 PID 修改。

（4）HAZOP 参与人员

HAZOP 团队是一个多领域的专家团队，通常包括 6～10 名人员，由甲方和乙方组成，他们是工艺、设备、仪表/电气、安全、操作、维修等方面的专业人士。

（5）HAZOP 报告

HAZOP 报告主要包括工艺描述、HAZOP 方法介绍、HAZOP 结果分析。HAZOP 现场讨论的记录会作为附件成为报告的一部分。

典型的现场记录报告会记录：

1）系统。

2）子系统。

3）参考文件。

4）会议日期和时间。

5）分析结果，包括：偏差、原因、后果、已有的安全措施、建议、建议执行人。

7 液化天然气的运输与安全

液化天然气的运输是实现液化天然气贸易的必要手段，因而是液化天然气产业链中的重要一环。而天然气液化又为运输提供了大液/气密度比的物料（1 体积液化天然气的密度是 1 体积气态天然气的 600 倍），大大提高了运输效率，有力地促进了世界天然气贸易的增长。

液化天然气的运输可以有三种方式：船运、车运和管道输送。这三种运输方式中，管道输送，特别是长距离管道输送因为还存在技术上的一些困难，在实用上尚无实例。而液化天然气的海上运输技术不断成熟，船运是液化天然气运输的主要方式，占世界液化天然气运量的 80%以上。

7.1 液化天然气船运

20 世纪 50 年代，随着天然气液化技术的发展，开始了液化天然气海上运输技术的研究。1959 年，“甲烷先锋号”的成功航行实现了液化天然气的第一次海上运输。根据 LNG Shipping Solu-tions 的统计（2004 年），世界上正在运营的液化天然气运输船已达 151 艘以上。其中，运输能力 $5\times10^4 m^3$ 以下的 15 艘，$5\times10^4\sim12\times10^4 m^3$ 的 16 艘，而运输能力超过 $12\times10^4 m^3$ 的达 120 艘。LNG 运输船的大型化趋势明显。2007 年第十五届国际 LNG 大会发布的数字显示，至 2005 年 5 月，全球已有 181 艘 LNG 船，2005—2007 年有 74 艘 LNG 船完成建造交付使用，最大的已超过 $25\times10^4 m^3$。

1. 液化天然气海上运输的特点

液化天然气低温、易燃、运输量大的特点，使液化天然气海上运输也具有不同于其他海运的特点：投资风险高、产业链特性强、运输稳定。

（1）投资风险高

液化天然气采用常压、低温运输，LNG 运输船的储槽需要低温绝热，建造费用高。目前运输能力 $13.8\times10^4 m^3$ 的 LNG 运输船造价为 1.5 亿～1.6 亿美元，比同样输送当量的油船造价高出 4～5 倍。因而，液化天然气的运输成本占液化天然气价格的 10%～30%，原油的运输成本只占 10%。

LNG 运输船是为载运－163℃的大宗 LNG 货物的专用船舶，用途单一，经营上也缺乏灵活性，这使得液化天然气船舶的投资风险比其他种类船舶更高，在投资之前一般需要掌握 20 年以上的长期运输合同。

（2）产业链特性强

液化天然气产业链是一条资金庞大、技术密集的完整链系。液化天然气海上运输链接了气源（液化工厂）和下游用户（接收站）。从项目前期研究开始，到实现合同运输，各个环节密切相连，相互影响，同步推进，形成了事实上的液化天然气海上运输链。

（3）运输稳定

液化天然气运输大多为定向造船，包船运输，航线和港口比较固定，并要求较为准确的班期，无计划停泊较少。由于世界液化天然气运输的即期市场没有出现，因此其运输费用主要取决于气源地的天然气价格、运输距离以及船舶的运营成本等。运费收入比较稳定，来自外界的竞争相对比较小。

2. LNG 运输船的结构特点

液化天然气运输船专用于载运大宗 LNG，除了防爆和运输安全外，尽可能降低气化率是运输这种物料的必要要求。单船容量也不断增大，典型的 LNG 船尺寸见表 7-1。

(1) 双层壳体

液化天然气运输船普遍设计为双层壳体，在船舶的外壳体和储罐间形成保护空间，从而减小了槽船因碰撞导致储槽意外破裂的危险性。

典型的 LNG 船尺寸 **表 7-1**

项　目	容量 m^3/t		
	125000/50000	165000/66800	200000/80000
长 (m)	260	273	318
宽 (m)	47.2	50.9	51
高 (m)	26	28.3	30.2
吃水 (m)	11	11.9	12.2
货舱数	4	4	5

储罐采用全冷式或半冷半压式。大型 LNG 运输船一般采用全冷式储槽。小型沿海 LNG 运输船一般采用半冷半压式。LNG 在 101.325kPa、−163℃下储存，其低温液态由储罐外的绝热层和 LNG 的蒸发维持，储罐的压力由抽去蒸发的气体来控制，蒸发气可作为运输船的推进系统燃料。

(2) 隔热技术

低温储槽可以采用的隔热方式有真空粉末、真空多层、高分子有机发泡材料等。真空粉末隔热，尤其是真空珠光砂隔热方式，具有对真空度要求不高、工艺简单、隔热效果较好的特点。但在保证制造工艺的前提下，与真空粉末隔热相比，真空多层隔热具有以下优点：

1) 真空粉末隔热的夹层厚度要比真空多层隔热的夹层厚度大一倍，也即对于相同容积的外壳，采用真空多层隔热的储槽的有效容积要比采用真空粉末隔热的储槽大 27%左右，因而具有相同外形尺寸的储槽可以提供更大的装载容积。

2) 对于大型储槽来说，由于夹层空间较大，粉末的质量也相应增加，从而增加了储槽的装备质量，降低了装载能力，加大了运输能耗，这点对于大型 LNG 槽船来说尤其明显，而真空多层绝热方式具有这方面的显著优势。

3) 采用真空多层隔热方式可避免槽船航运过程中因运动而产生的隔热层绝热材料沉降。

轻质多层有机发泡材料也常用于 LNG 槽船上。目前，LNG 储槽的日蒸发率已经可以保持在 0.15%以下。另外，隔热层还充当了防止意外泄漏的 LNG 进入内层船体的屏障。同广泛应用在低温管道和容器上的隔热板结构一样，LNG 储槽的隔热结构也是由内部核心隔热部分和外层覆壁组成。针对不同的储槽日蒸发率要求，内层核心隔热层的厚度和材料也不同，而且与一般低温容器上标准的有机发泡隔热层不同，LNG 储槽的隔热板采用多层结构，由数层泡沫板组合而成。所采用的有机材料泡沫板需要满足低可燃性、良好的绝热性和对 LNG 的不溶性。

内层核心有机材料泡沫板的材料选取一般为聚苯乙烯泡沫、强化玻璃纤维聚氨酯泡沫或 PVC 泡沫材料。另外，LNG 运输船上的隔热板还可以和内层核心隔热第二层一起充当中间的 LNG 蒸气保护屏，第三层由两层玻璃纤维夹一层铝箔构成。

外层覆壁一般由 0.3mm 厚的铝板、波纹不锈钢板（304L，1.2mm）或镍（36%）-钢合金（0.7mm）组成，它不但可以用在外层覆壁和夹层，还可以作为与 LNG 接触的第一屏障。所有的金属板都被焊接在一起，有机材料用 2-K PU 胶黏合。

（3）再液化

低温 LNG 储槽控制低温液体的压力和温度的有效方法是将蒸发气再液化，这可以降低低温液体储槽保温层的厚度，进而降低船舶造价、增加货运量、提高航运经济性。

低温 LNG 槽船的再液化装置的制冷工艺可以采用以 LNG 为工质的开式循环或以制冷剂为工质的闭式循环。以自持式再液化装置为例，装置本身耗用 1/3 的蒸发气作为装置动力，可回收 2/3 的蒸发气，具有很高的节能价值。虽然再液化技术至今还没有应用于 LNG 船上，但根据 LNG 船大型化和推进方式的变化，采用 BOG 的再液化已提到日程。

3. 液化天然气运输船船型

液化天然气运输船的船型主要受储罐结构的影响。目前所使用的 LNG 运输船的低温储槽结构形式可分为自支承式和薄膜式两种。根据 1999 年的统计资料，当年运营 99 艘大型 LNG 运输船，其中采用自支承式结构的有 50 艘，另有 2 艘采用棱柱形自支承式结构，采用薄膜式结构的有 40 艘。自支承式和薄膜式结构是液化天然气运输船的主流船型结构。

（1）自支承式

自支承式储槽是独立的，它不是船壳体的任何一部分，在储槽的外表面是没有承载能力的绝热层。储槽的整体或部分被装配或安装在船体中，最常见的即是球形储槽。其材料可采用 9%镍钢或铝合金，槽体由裙座支承在赤道平行线上，这样可以吸收储槽处于低温而船体处于常温而产生的不同热胀冷缩。近些年又开发了一种采用铝合金材料的棱柱形自支承式储槽。挪威的 Moss Rosenberg（MOSS 型）及日本的 SPB 型都属于自支承式。其中，MOSS 型是球形储槽，SPB 型是棱形储槽。如图 7-1 和图 7-2 所示。

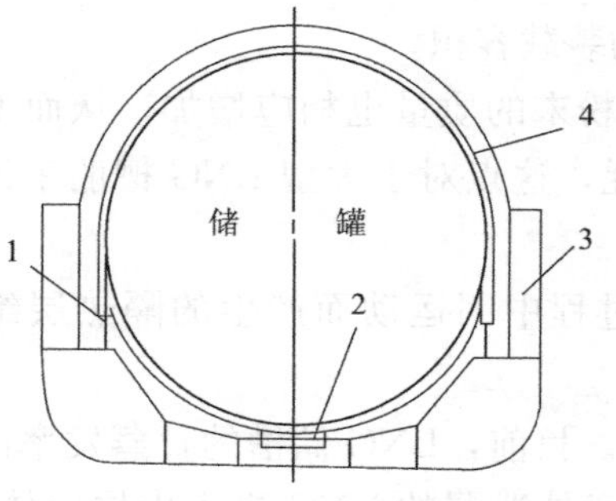

图 7-1 MOSS 型球形舱

1—舱裙；2—部分次屏；3—内舱壳；4—隔热层

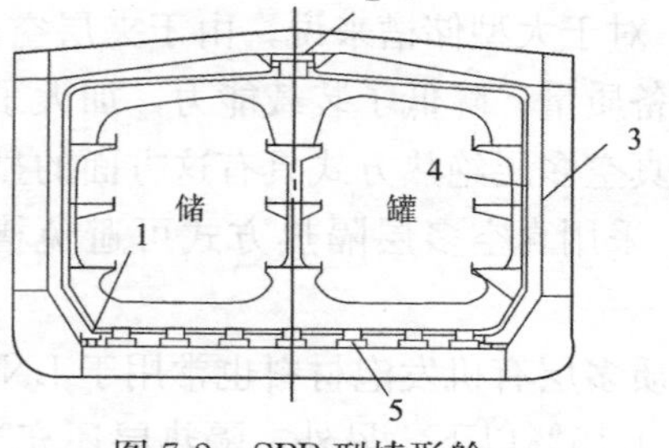

图 7-2 SPB 型棱形舱

1—部分次屏；2—楔子；3—内舱；4—隔热层；5—支撑

1）MOSS 型 LNG 运输船

球罐采用牌号为 5038 的铝板制成。组分中含质量分数为 4.0%～4.9%的镁和 0.4%～1.0%的锰。按球罐的不同部位，在 30～169mm 之间选择板厚。隔热采用 300mm 厚的多层聚苯乙烯板。

2）SPB 型 LNG 运输船

SPB 型的前身是棱形储槽 Conch 型，由日本 IHI 公司开发。该型大多应用在 LPG 船上，已建造运行的 LNG 船有 2 艘。

（2）薄膜式

薄膜式储槽采用船体的内壳体作为储槽的整体部分。储槽第一层为薄膜结构，其材料采用不锈钢或高镍不锈钢，第二层由刚性的绝热支撑层支承。储槽被安装在船壳内，LNG 和储槽的载荷直接传递到船壳。

GTT 型 LNG 运输船是由法国 GazTransporth 和 Technigaz 公司开发的薄膜型 LNG 运输船。其围护系统由双层船壳、主薄膜、次薄膜和低温隔热组成。如图 7-3 所示。薄膜承受的内应力由静应力、动应力、热应力组成。

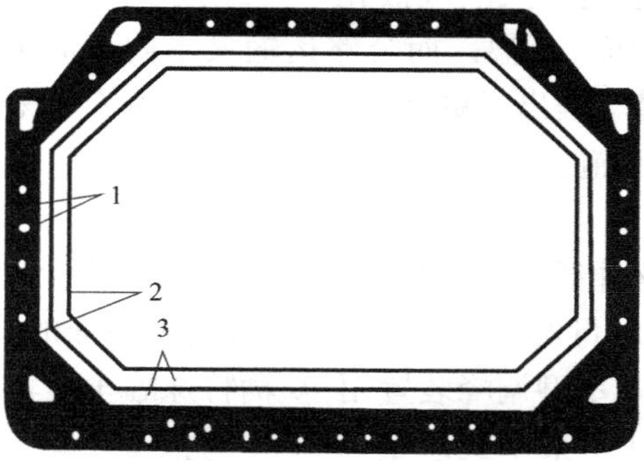

图 7-3 薄膜型液货舱

1—完全双船壳结构；2—低温屏障层组成（主薄膜和次薄膜）；

3—可承载的低温隔热层

7.2 液化天然气车运

液化天然气的公路运输承担了将天然气液化工厂生产的 LNG 运送到各个使用点的任务。随着天然气利用的日益广泛，除了区域供气、电厂、化工厂等大用户通常采用管道供给外，对于中小用户，特别是天然气管网不及的地区，往往通过公路运输将 LNG 供应给各个用户（包括工厂、民用、调峰等），因此，液化天然气的公路运输也是液化天然气供应链的重要组成部分。

1. 液化天然气公路运输的特点

液化天然气的公路运输不同于海上运输那样量大、稳定，除了运输介质同样是低温、易燃的 LNG 外，液化天然气的陆上运输要适应点多、面广的市场，要确保人多、路况复杂条件下的运输安全等。

（1）变化多

天然气的管道输送和液化天然气的海上运输为天然气的大宗供应提供了有效的方式，解决了天然气管道用户的供气问题。但是，对于天然气管网不及地区的天然气利用，需要稳定的气源供给。而对于远离消费地的中、小规模的天然气资源的开发，需要稳定的外运。LNG 由于液/气密度比大，储存和运输比气态容易，通过汽车运输，可以将用户和气源连接起来。一方面为分散用户提供了相对稳定的气源，另一方面为边远地区天然气资源的开发提供了稳定的用户。从这个意义上讲，液化天然气的陆上运输是天然气管道输送和液化天然气海上运输的补充，更是有力地推动了分散用户天然气市场的拓展。

边远地区天然气资源的开发和分散用户的供气都面临着点多、面广、变化大的情况，这与液化天然气海上运输量大、稳定的情况有很大的不同，因而液化天然气的汽车运输需要发挥其灵活快捷的特点，努力适应市场的变化和需求。逐步建立液化天然气的公路运输网，形成稳定、规范的 LNG 物流体系，使液化天然气的汽车运输切实成为天然气管网的补充。

（2）安全可靠

液化天然气的汽车运输是将天然气液化工厂或接收站储存的 LNG 载运到各地用户，LNG 的载运状态一般是常压、低温。而公路运输又不同于海上运输，陆上的建筑物和人流对装载着 LNG 的汽车槽车提出了更高的安全要求。为了确保安全，对汽车槽车的隔热、装卸、安全设计都有专项措施。

2. 液化天然气运输槽车

汽车槽车运输 LNG 这种低温、易燃介质，在槽车结构上，必须满足物料装卸、隔热保冷、高速行驶的要求。20 世纪 70 年代初，日本使用特殊的公路罐车把 LNG 从接收港转运到卫星基地。美国的卫星型调峰装置用 40 辆特殊罐车运输 LNG。最早的罐车为底盘式，载质量 61t。1988 年开始采用载质量为 8.6t 的拖车型罐车。表 7-2 列出了国外部分 LNG 汽车槽车的技术条件。

LNG 汽车槽车技术条件 表 7-2

制造单位	车辆种类	载质量（t）	自身质量（t）	容量（m^3）	隔热方法	设计压力（$\times 10^2$Pa）	内槽材料	主要尺寸	
								全长（m）	宽（m）
日本车辆制造 K. K	半拖车	6.0	13.7	14.2	真空隔热	7.0	不锈钢	11.43	2.48
Cosmodian 公司（美）	半拖车	—	9.8	41.7	真空隔热	2.8	不锈钢	12.192	2.438
Prosess Engineering 公司（美）	半拖车	—	8.8	43.9	真空隔热	3.9	铝合金	—	—
LOX 公司（美）	半拖车	17.3	8.7	—	真空隔热	2.1	不锈钢	12.192	2.438
Mester-grashelm 公司（美）	半拖车	8.8	—	—	真空隔热	4.0	不锈钢	10.8	3.5
BOC 公司（英）	半拖车	14.0	—	30.3	聚氨酯	7.0	不锈钢	—	—
Fulburony 公司（法）	半拖车	17.63	9.6	42.0	聚氨酯泡沫	7.0	9%镍钢	11.63	3.86

(1) LNG 槽车的装卸

LNG 槽车的装卸可以利用储罐自身压力增压或用泵增压实现。

1) 自增压装卸

利用气化部分 LNG 提高储罐自身压力，使储罐和槽车形成压差将储罐中的 LNG 装入槽车，这就是自增压装车。同样的方法，利用气化部分 LNG 提高槽车储罐的压力，就可以把槽车中的 LNG 卸入储罐。

自增压装卸的优点是设施简单，只需要在流程上设置气相增压管路，操作容易。但是，这种方法的工作压差有限，装卸效率低、装卸时间长。这是因为这种方法的储罐（接收 LNG 的固定储罐和槽车储罐）都是带压操作，而固定储罐一般是微正压，槽车储罐的设计压力也不宜过高，否则会增加槽车的空载质量、降低运输效率（运输过程都是重车往返），因而装卸操作的压差十分有限，流量低、装卸时间长。

2) 泵增压装卸

采用专门配置的泵将 LNG 增压，进行槽车装卸。这种方法的输送流量大、装卸时间短、适应性强，因而得到了广泛应用。对于接收站的大型储罐，可以用罐内潜液泵和接收站液体输送流程装车。对于槽车可以利用配置在车上的低温泵卸车。由于泵的输送流量、扬程可以按需要配置，因此流量大、装卸时间短、扬程高、适应性强，可以满足各种压力规格的储槽。而且，不需要消耗部分 LNG 增压，槽车罐体的工作压力低，槽车的装备质量小，质量利用系数和运输效率高。正因为如此，即使整车造价比较高、结构比较复杂、低温泵操作维护比较麻烦，但泵增压装卸还是得到了越来越多的应用。

(2) LNG 槽车的隔热

为了确保安全可靠、经济高效地运输，LNG 槽车的隔热必须经济有效，而低温储罐的隔热设计决定了储罐的性能。可以采用的隔热方式有真空粉末隔热（CF）、真空纤维隔热（CB）、高真空多层隔热（CD）等。

隔热形式的选用原则是经济、可靠、施工简单。由于真空粉末隔热的真空度要求不高、工艺简单、隔热效果好，因而以往比较多地被采用。近年来，随着隔热技术的发展，高真空多层隔热工艺逐渐成熟，LNG 槽车开始采用这一技术。高真空多层隔热的优点是：

1) 隔热效果好。高真空多层隔热的厚度仅需 30～35mm，比真空粉末隔热小近 10 倍。对于相同容量的外筒，高真空多层隔热槽车的内筒容积比真空粉末隔热槽车的内筒容积大 27%左右。因而，相同外形尺寸的槽车，可以提供更大的装载容积。

2) 对于大型半挂槽车，采用高真空多层隔热比采用真空粉末隔热节省材料，从而大大减少了槽车的装备质量，增加了槽车的装载质量。如一台 $20m^3$ 的半挂槽车采有真空粉末隔热时，粉末的质量将近 1.8t，而采用高真空多层隔热时，隔热材料质量仅 200kg。

3) 采用高真空多层隔热可以避免因槽车行驶所产生的振动而引起的隔热材料的沉降。高真空多层隔热比真空粉末隔热的施工难度大，但在制造工艺逐渐成熟适合批量生产后，广泛应用的前景是好的。

隔热方式的技术比较见表 7-3。表中的日蒸发率值是指环境温度 20℃，压力为 0.1MPa 时的标准值。自然升压速度为环境温度 50℃时，初始充装率为 90%，初始压力为 0.2MPa（表压）升至终了压力为 0.8MPa（表压）条件下的平均值。

隔热方式技术比较 表 7-3

隔热技术	日蒸发率（%）	自然升压速度（kPa/d）
CF	≤0.354	≤20
CB	≤0.3	≤17
CD	≤0.28	≤14

对于三种方法的成本比较，主要是材料、人工和抽真空费用。CB材料价格介于CF材料和CD材料之间。但CB技术是以人工包扎进行的，因此人工费用接近CD，高于CF。就低温隔热所需最佳真空度而言，获得与维持真空度所需的成本是CB低于CD，比较接近CF。因此，总成本是CB介于CF和CD之间。CB较CF所增加的费用相对于低温液体储槽的总成本而言，上升不超过5%。这与采用CF时因膨胀珍珠岩粉末下沉所引起的售后服务费用相比肯定是合算的。

(3) LNG槽车行驶高速化

为适应低温储罐的需要，LNG槽车的结构有一定的特殊性。如采用双层罐体和隔热支撑。罐体结构相对比较复杂，隔热支撑又要兼顾减少热传递和增大机械强度的双重性，加上运输LNG的危险性，因此，对LNG槽车的行驶需要限速。按我国现行《低温液体贮运设备 使用安全规则》JB/T 6898—2015 的规定：最高时速在一级公路上为≤60km/h，在二、三级公路上为30～50km/h。

随着我国高速公路网的形成，提高了运输车辆的平均速度。低温液体槽车在高速公路上的行驶速度也提高到了70～90km/h。运行速度的提高，可以提高运输效率，LNG低温槽车的高速化是必然趋势。由此对槽车底盘的可靠性、整车的动力性、制动性、横向稳定性、隔热支撑的强度等提出了更高的要求。

为了适应LNG低温槽车高速行驶的需要，应该选择性能可靠的汽车底盘和牵引车，使轴载和牵引车的负荷低于允许值；为保证改装后整车的动力性能，半挂车的比功率宜在5.88～6.22kW/t之间，并尽量提高牵引车驱动桥的附着质量；尽量降低整车高度和重心高度，以提高槽车的横向稳定性；为保证槽车具有良好的制动性能，并挂槽车应采用双管路制动系统，制动时，挂车应先于牵引车制动，以防止槽车紧急制动时出现转向；为使槽车行驶平稳，使用适应高速行驶的子午线轮胎为好；双层罐体间的隔热支撑，应能承受高速行驶紧急制动时的冲击载荷。

总之，对于LNG低温槽车适应高速行驶的研究，不仅会促进LNG公路运输的发展，而且也是当前适应公路运输整体高速化的需要。

7.3 液化天然气运输安全管理

液化天然气车船运输过程的安全主要有两方面：一方面是液化天然气车船储槽的储存安全；另一方面是液化天然气运输过程的安全，包括车船行驶、LNG装卸等。

1. 船运安全

(1) LNG运输船

为了保证液化天然气海上运输的安全，LNG运输船的安全措施必须十分严格。以广泛使用的MOSS球罐LNG船为例，主要的安全措施如下：

1）球罐特制。由于罐内储存超低温液体会引起内部收缩，在结构上考虑避免收缩时的压力，设置储罐的支撑固定装置；为防止储罐超压或负压，专门装设安全阀；储罐开口暴露设置在甲板上。

2）加强隔热。隔热的目的一是防止船体结构过冷；二是防止向储罐内漏入热量。LNG储槽的隔热结构由内部核心隔热部分和外层覆壁组成。针对不同的储槽日蒸发率要求，内层核心隔热层的厚度和材料也不同，LNG储槽的隔热板采用多层结构，由数层泡沫板组合而成。所采用的有机材料泡沫板需要满足低可燃性、良好的绝热性和对LNG的不溶性。在MOSS球罐LNG船中，沿舱裙结构的漏热量通常要占储罐总漏热量的30%，采用一块不锈钢板插在铝和钢质舵裙之间形成热阻，可明显减少漏热量，日蒸发率从通常的0.2%降到0.1%。

3）BOG处理。LNG储槽的隔热结构并不能完全防止LNG的蒸发，每天仍会有0.15%～0.3%的蒸发量。这些蒸发气体（BOG）可以用作LNG船发动机的燃料和其他加热设备的燃料。为了实现船舶的安全经济运行，采用再液化装置可以控制低温液体的压力温度。为保证储存安全，也可减小储槽保温层厚度，降低船舶造价，增加运量。

4）采用二次阻挡层。当球罐泄漏时，把已泄漏的LNG保留一定时间，使船体构件不要降低到它的允许温度以下。以避免船体发生损坏或着火爆炸等重大事故。

5）采用双层壳体。在船舶的外壳体和储槽间形成保护空间，从而减小槽船因碰撞导致储槽破裂的危险性。

6）为了保证安全，设置各种计量、测量和报警设施。

（2）船舶装卸

LNG船舶运输安全，除了LNG船舶本身的安全外，船舶装卸安全也是其中一个重要的方面。为此，在卸载设施、储罐和其他相关部位上必须采用相应的安全措施。

1）卸载设施。在卸料臂上安装紧急关闭（ESD）阀和卸料臂紧急脱离系统（ERS）；在LNG装船泵上安装紧急关闭装置。

2）储罐。为防止装满系统，将装船泵和储罐灌注管路上的ESD阀隔开；断开装置可人工或自动操作；使用液位报警器；防止超压或负压，采用导向操纵安全阀和自压安全阀。

3）其他相关部位。在LNG码头和靠近卸料臂处、蒸发器、LNG泵等位置设置低温探测器；在LNG建筑物内、管线法兰、卸料臂及蒸发器旁设置气体探测器；在LNG建筑物内、储罐顶盖上、码头及工艺区设置火警探测器。

2. 车运安全

（1）LNG汽车槽车

LNG槽车的安全主要是防止超压和消除燃烧的可能性（禁火、禁油、消防静电）。

1）防止超压

防止槽车超压的手段主要是设置安全阀和爆破片等超压泄放装置。根据低温领域的运行经验，在储罐上必须有两套安全阀在线安装的双路系统，并设一个转换。在低温系统中，安全阀由于冻结而不能及时开启所造成的危险应该引起重视。安全阀冻结大多是由于阀门内漏致使低温介质不断通过阀体而造成的。一般通过目视检查安全阀是否结冰或结霜来判断。发现问题必须及时更换。

为了保证运输安全，槽车上除了设置安全阀和爆破片外，还可以设置公路运输泄放阀。在槽车的气相管路上设置一个降压调节阀，作为第一道安全保护，该阀的泄放压力远低于罐体的最高工作压力和安全阀的起跳压力。它仅在槽车运行时与气相空间相通；而在罐车装载时，用截止阀隔离降压调节阀使其不起作用。

泵送 LNG 槽车上工作压力低，设置公路运输泄放阀的作用是：

①罐内压力低，降低了由静压引起的内筒压力，有利于罐体的安全保护。

②如果罐内压力升高，降压调节阀先缓慢开启以降低压力，防止因安全阀起跳压力低而造成 LNG 的突然大流量泄放，既提高了安全性，又防止了 LNG 的外泄。

③罐体的液相管、气相管出口处应设置紧急切断阀，该阀一般为气动的球阀和截止阀，通气开启，放气截止，阀上的汽缸设置易熔塞，易熔塞为伍德合金，其熔融温度为(70+5)℃。当外界起火燃烧温度达到 70℃时，易熔塞熔化，在内部气压（0.1MPa）的作用下，将熔化了的伍德合金吹出并泄压。泄压后的紧急切断阀在弹簧作用下迅速关闭，达到截断装卸车作业的目的。

2）其他

为了防止着火，消除 LNG 槽车周围的燃烧条件也是十分重要的。

①置换充分

LNG 储槽使用前必须用氮气对内筒和管路进行吹扫置换，直至含氧量小于 2.0%为止，然后再用产品进行置换至纯度符合要求。

②静电接地

LNG 槽车必须配备静电接地装置，以消除装置静电；另外，在车的前后左右均配有 4 只灭火器，以备有火灾险情时应急使用。

③阻火器

安全阀和放空阀的出口汇集总管上应安装阻火器。阻火器内装耐高温陶瓷环，当放空口处出现着火时，防止火焰回火，起到阻隔火焰的作用，保护设备安全。

(2) 汽车装卸

LNG 公路运输安全，除了 LNG 槽车本身的安全外，汽车装卸安全也是其中一个重要的方面。为此，在装卸设施、储罐和其他相关部位上必须采用相应的安全措施。

1）装卸设施。在装卸臂上安装紧急关闭（ESD）阀；在 LNG 装车泵上安装紧急关闭装置。

2）储罐。为防止装满系统，将装车泵和储罐灌注管路上的 ESD 阀隔开；断开装置可人工或自动操作；使用液位报警器；防止超压或负压，采用导向操纵安全阀和自压安全阀。

3）其他相关部位。在 LNG 装卸车场、蒸发器、LNG 泵等处设置低温探测器；在 LNG 建筑物内、管线法兰、装卸臂及蒸发器旁设置气体探测器；在 LNG 建筑物内、储罐顶盖上、装卸车场及工艺区设置火警探测器。

参考文献

[1] 中国石化集团中原石油勘探局勘察设计研究院等．GB/T 20368—2012 液化天然气（LNG）生产、储存和装运［S］．2013.

[2] 中国石化建设有限公司等．GB 50156—2012 汽车加油加气站设计与施工规范［S］．2012.

[3] 宁夏清洁能源发展有限公司．生产安全事故综合应急预案. 2016.

[4] 宁夏清洁能源发展有限公司．安全生产技术指南．2013.